Andreas Walker

Sonnenfinsternisse

und andere faszinierende
Erscheinungen am Himmel

Springer Basel AG

Die Deutsche Bibliothek – CIP-Einheitsaufnahme

Walker, Andreas:
Sonnenfinsternisse und andere faszinierende Erscheinungen am Himmel /
Andreas Walker. – Basel ; Boston ; Berlin : Birkhäuser, 1999
  ISBN 978-3-0348-6361-2

Umschlaggestaltung: Atelier Jäger, Kommunikations-Design, D-88682 Salem
Gedruckt auf säurefreiem Papier, hergestellt aus chlorfrei gebleichtem Zellstoff. ∞

9 8 7 6 5 4 3 2 1

ISBN 978-3-0348-6361-2   ISBN 978-3-0348-6360-5 (eBook)
DOI 10.1007/978-3-0348-6360-5

Inhaltsverzeichnis

Vorwort

Die Sonnenfinsternis vom 11. August 1999 ist wegen ihrer Seltenheit ein ganz besonderes Ereignis. Die nächste Sonnenfinsternis in diesem Gebiet, deren Totalitätszone durch die Schweiz verläuft, findet erst im Jahr 2081 statt. In dieser Hinsicht bildet das letzte Kapitel dieses Buches ein interessantes Zeitdokument eines faszinierenden Naturschauspiels auf unserem Kontinent.

Wenn Sie dieses Buch lesen, haben Sie den festen Beweis in den Händen, daß sich die Erde – trotz aller düsterer Prophezeiungen von Weltuntergangsszenarien – immer noch dreht.

Von Endzeitängsten wurde ich zwar nicht geplagt, dafür um so mehr von Alpträumen und Schreckensvorstellungen, daß im entscheidenden Augenblick meine Kamera versagen könnte oder sich gerade am Ort der Sonne während der Totalität eine Wolke befindet, oder daß 10 Millionen Menschen eine Stunde vor der endgültigen Finsternis wegen schlechten Wetters auf der gleichen Straße zur Sonnenfinsternis fahren wollen oder...oder...

Genauso wie die Bilder der Sonnenfinsternis eine spannende Geschichte erzählen, so haben alle Bilder in diesem Buch ihre ganz eigenen Geschichten. Durch das Fotografieren dieser faszinierenden Himmelsereignisse hatte ich einen außergewöhnlichen Kontakt mit der Natur und erlebte vieles, das ich nicht missen möchte. Sei es die Jagd nach einem Loch in den Wolken auf französischen Autobahnen, um doch noch den verfinsterten Vollmond zu sehen, das Bangen und Hoffen, daß im entscheidenden Moment Sonne oder Mond nicht zuletzt noch von einer Wolke verdeckt würden, seien es all die geheimnisvollen stillen Momente bei einem sommerlichen Vollmonduntergang morgens um fünf Uhr oder die Erfahrung, einen Monat lang jede Nacht eine Aufnahme des Mondes auf einem Himalaya-Treck zu machen. Die Sonnenfinsternis vom 11. August hat mich jedoch zweifellos am meisten beansprucht. Allein über die unzähligen Szenarien, was alles passieren (oder nicht passieren) könnte an diesem Tag, könnte man ein ganzes Buch schreiben.

Die anderen Kapitel, Fotografien und Zeichnungen, die indirekt mit dem Phänomen von Sonnen- und Mondfinsternissen zusammmenhängen, sind zum Teil das Resultat von jahrelanger Arbeit – besonders das exakte Fotografieren der Positionen von Sonne und Mond bei ihren Auf- und Untergängen sowie in ihren Höchstständen. Die Himmelsbahnen von Sonne und Mond sind mit dem Phänomen der Finsternisse direkt verbunden, da eine Sonnen- oder Mondfinsternis nur dann stattfinden kann, wenn Sonne, Mond und Erde sich exakt in einer Linie befinden.

Ich verspürte schon lange den Wunsch, die Sonnen- und Mondbahn auf verschiedene Arten sichtbar werden zu lassen. Ich erinnere mich, wie ich schon als kleiner Junge am frühen Morgen den Sonnenaufgang bewunderte. Es war Sommeranfang, deshalb war es für mich augenfällig, daß unser Tagesgestirn deutlich an einer anderen Stelle seine tägliche Bahn zog, als dies im Herbst oder gar im Winter der Fall war.

Etwa 20 Jahre später, in einer lauen Juninacht, glänzte matt der Vollmond an einem völlig klaren Sommerhimmel. Ich saß mit einigen Freunden im Garten, und wir genossen die Abendstimmung. Der Mond sei so schön, ich solle doch ein Foto machen, um die sommerliche Atmosphäre festzuhalten, wurde ich aufgefordert. Ich tat es in jener Nacht noch nicht – ganz einfach deshalb, weil ich nicht wußte, was ich fotografieren wollte. Hätte ich den Mond mit einem Tele-Objektiv fotografiert, hätte das Bild gleich ausgesehen wie im Frühling, Herbst oder Winter, da unser Trabant sich ja buchstäblich immer von der gleichen Seite zeigt.

Was unterscheidet einen Sommervollmond von einem Wintervollmond? – das war die entscheidende Frage. Es sind die verschiedenen Himmelsbahnen, sie verursachen unterschiedliche Positionen von Auf- und Untergang und unterschiedliche Höchststände.

Von diesem Zeitpunkt an begann in mir eine Vorstellung zu reifen, wie man den Lauf von Sonne und Mond durch das Jahr hindurch darstellen könnte, um die Verbindung der drei Himmelskörper Sonne-Erde-Mond darzustellen.

Damit begann eine Arbeit, die einige Jahre in Anspruch nehmen sollte. Es ist nicht einfach, im Schweizerischen Mittelland ein solches Projekt durchzuführen, das an bestimmten Tagen im Jahr auf die Minute genau schönes Wetter an einer bestimmten Stelle des Himmels verlangt. Im Winterhalbjahr wird es dann besonders schwierig. Die ausgedehnten Hochdrucklagen, die in den Bergen das schönste Wetter bescheren, verursachen in den Niederungen oft Nebel. Wenn der Nebel im Winter schließlich verschwindet, ist oft schlechtes Wetter im Anzug.

Ich wählte also einen Standort, den ich von meinem Wohnort aus innerhalb von 30 Minuten erreichen konnte (damit ich im letzten Moment noch starten konnte, wenn sich das Wetter doch noch unerwartet besserte) und der auf einem Hügel lag, um mindestens über einem niederen Nebelmeer zu sein. Zudem mußte der Horizont entsprechend frei sein, damit Sonne und Mond zu keiner Jahreszeit durch ein Hindernis verdeckt wurden.

Will man die monatliche Veränderung von Sonne und Mond zeigen, verlangt dies ein sehr exaktes Arbeiten. Es bedeutet, daß man das «richtige Zeitfenster» auf die Minute genau wählen muß, um die zeitweilige Position des Himmelskörpers zu fotografieren. Zudem muß die Kamera immer genau am gleichen Ort aufgestellt werden und immer ganz genau gleich ausgerichtet sein, damit exakt der gleiche Bildausschnitt zu sehen ist.

Nachdem diese Arbeiten in der Natur abgeschlossen waren, wurden die einzelnen Bilder in der richtigen Helligkeit kopiert und zu einem Panorama zusammengefügt. Wichtig dabei war, daß jedes Einzelbild ganz genau den gleichen Ausschnitt zeigte. Erst dadurch werden die Positionen von Sonne und Mond im Jahresverlauf in einer zusammenhängenden Kurve auf faszinierende Weise sichtbar gemacht (s. Kapitel 3).

Das Fotografieren der Sonnenauf- und -untergänge durch das Jahr hindurch führte mir besonders drastisch vor Augen, daß der moderne Mensch nicht mehr nach dem Rhythmus der Sonne lebt. Bildete die Sonne in alten Kulturen den absoluten Mittelpunkt bis hin zur religiösen Verehrung, hat sich in der modernen industrialisierten Gesellschaft seit der Erfindung der Uhren unser Leben völlig gewandelt. Der größte Teil der Menschen lebt heute nicht mehr nach dem Rhythmus des Sonnenlichtes, sondern nach der genauen Uhrzeit – nach Stunden und Minuten.

Wenn ich mich aufmachte, einen Sommer-Sonnenaufgang zu fotografieren, waren die Straßen fast menschenleer, da dieses Ereignis zeitlich deutlich vor dem aufkommenden Berufsverkehr stattfand.

Im Winter war dann die Situation genau umgekehrt, da war ich jeweils nach der größtmöglichen Verkehrsdichte unterwegs. Im Frühling und Herbst dagegen gelangte ich mitten ins größte Verkehrschaos, da die Sonnenaufgänge auch in dieser Zeit «stattfanden».

In diesem Zusammenhang war die Sonnenfinsternis vom 11. 8. 99 ein besonders eindrückliches Erlebnis. Selten in der modernen Gesellschaft haben zwei Minuten eines Naturereignisses eine solche Wirkung wie die totale Verfinsterung des Tagesgestirns zur Mittagszeit, wie man dies ausführlich im Kapitel 5 nachlesen kann.

Es bleibt mir zum Schluß, all denjenigen ganz herzlich zu danken, die mich bei der Entstehung dieses Buches unterstützt haben.

Andreas Walker
Teufenthal, im August 1999

Einleitung:
Das Universum – endlich,
jedoch grenzenlos

Beim Betrachten des Himmels erklingt in meinem Geist oft ein altbekanntes Lied, das wir als Kinder sangen:

Weißt du, wieviel Sternlein stehen an dem blauen Himmelszelt?
Weißt du, wieviel Wolken gehen weit hin über alle Welt?
Gott, der Herr, hat sie gezählet, daß ihm auch nicht eines fehlet
an der ganzen großen Zahl, an der ganzen großen Zahl.

Doch schon mit diesem Lied beginnen die Probleme. Wie viele Sterne gibt es wohl in unserem Kosmos? Betrachtet man in einer wolkenlosen Nacht den Himmel, sieht man mit bloßem Auge mehrere tausend Sterne leuchten. Sie erscheinen uns als kleine Punkte, die aussehen wie Diamantsplitter, und doch sind es alles Sonnen! Viele von ihnen sind um einiges größer als unser Muttergestirn. Zwischen diesen Punkten erstreckt sich ein schwach schimmerndes Band – die Milchstraße. Was wie ein diffuser Nebel aussieht, ist jedoch unsere eigene Spiralgalaxie. Unsere Sonne befindet sich im Randbereich dieser Galaxie, die einen Durchmesser von etwa 100 000 Lichtjahren hat und aus rund 200 Milliarden Sonnen besteht. Die Beobachtungsposition vom Rand der Galaxie aus ermöglicht uns einen Blick auf die Anhäufung von Sternen – wie wenn wir uns am Rand eines Tellers befänden und umherblickten. Diese ungeheure Menge an Sternen, die wir sehen, präsentiert sich uns als das Band der Milchstraße.

Der Weltraum ist so riesengroß, daß wir bis heute nicht einmal unser eigenes Sonnensystem gründlich erforscht haben. So wurde der äußerste Planet Pluto zum Beispiel noch nie von einer Sonde angeflogen.

In Science-fiction-Filmen hat man das Problem der riesigen Entfernungen zwischen den Sternen bereits in den 60er Jahren zu «lö-

Vorbeiflug der Voyager Raumsonde an Uranus (Darstellung des Autors).

sen» versucht. Die Kultserie «Star Trek – Raumschiff Enterprise» greift dabei auf äußerst wirksame Triebwerke zurück, die das Raumschiff «Enterprise» mit «Warp-Geschwindigkeit» – Überlichtgeschwindigkeit – durch den unermeßlichen Raum fegen lassen. Lässig hebt Kapitän Jean Luc Picard seine rechte Hand und gibt dabei den Befehl: «Warp 7» (was auch immer das heißen mag) – «Energie!» Von diesem Augenblick an erblickt der Zuschauer weiße Punkte – die Sterne –, die so schnell wie Schneeflocken bei einem Sturm das Raumschiff passieren.

Fragen wir uns aber einmal ernsthaft: Wie schnell müßte man denn fliegen, wenn man sich mit einer für das Universum «vernünfti-

Einleitung

gen Reisegeschwindigkeit» fortbewegen wollte, um in einer für uns vorstellbaren Zeitspanne kosmische Ziele erreichen zu können? Zur Erinnerung: Albert Einstein hat gezeigt, daß es unmöglich ist, schneller als mit Lichtgeschwindigkeit zu fliegen. Aber nur einmal angenommen, wir würden in der Physik etwas bisher noch Unbekanntes entdecken, so daß wir diese Barriere doch irgendwie überwinden könnten?

Was würde uns außerhalb unseres Sonnensystems erwarten? Wie sieht das Universum jenseits unserer Galaxie aus und wie wiederum dahinter? Wo sind die Grenzen des Universums, falls sie überhaupt existieren?

Diese Fragen wird man wohl kaum mit Hilfe unserer heutigen Raumschiffe beantworten können.

Um eine Ahnung von der immensen Größe unseres Kosmos zu bekommen, wollen wir ein Gedankenexperiment durchführen. Dabei begeben wir uns im Geist auf eine kosmische Reise, die wir auf der Erde mit Lichtgeschwindigkeit (rund 300 000 Kilometer pro Sekunde) beginnen. Das Ziel unserer Reise ist der «kosmische Horizont», der nach heutigem Kenntnisstand etwa 13 Milliarden Lichtjahre entfernt ist.

Etwa 1,3 Sekunden nach dem Start rasen wir bereits am Erdmond vorbei, und dieser wie auch unser blauer Planet schrumpfen innerhalb weniger Sekunden zu unbedeutenden Punkten in der Schwärze des Universums. Nehmen wir an, alle Planeten befänden sich auf einer Linie, dann erreichen wir nach knapp 13 Minuten Mars und nach etwas weniger als einer Dreiviertelstunde Jupiter. Der Vorbeiflug an Saturn erfolgt nach knapp 1,3 Stunden, während es bis zum Rendezvous mit Uranus etwa 2,7 Stunden und bis zum Planeten Neptun rund 4,2 Stunden dauert. Die Reisezeit bis Pluto beträgt bereits zwischen 4 und 7 Stunden (Pluto hat eine sehr exzentrische Bahn, deshalb diese Zeitspanne). Aus dieser Entfernung ist unsere Sonne gerade noch der hellste sichtbare Stern.

Nach 4,3 Jahren treffen wir schließlich auf unseren nächsten Nachbarstern, Proxima Centauri, und danach vergehen über 2 Millionen Jahre, ehe wir eine unserer Nachbargalaxien,

>

Mond und Venus am Abendhimmel.

>>

Aufgang des Sternbildes «Großer Wagen» über dem Annapurna-Massiv in Nepal.

Der unermeßliche Weltraum hat die Menschen seit jeher fasziniert. Eine Reise der Menschen war bis heute jedoch nur bis zu unserem Erdmond möglich.

den Andromeda-Nebel, erreichen. Wir müssen also feststellen, daß selbst die Lichtgeschwindigkeit nicht ausreicht, um im Kosmos in einer «menschlich vernünftigen Zeit» vorwärts zu kommen.

Deshalb stellen wir uns jetzt vor, wir könnten auf das Milliardenfache der Lichtgeschwindigkeit beschleunigen. Es hat keinen Sinn, sich eine solche Geschwindigkeit vorstellen zu wollen, das menschliche Gehirn ist damit überfordert.

Mit dieser unvorstellbaren, nur «denkbaren» Geschwindigkeit passieren wir den 4,3 Lichtjahre entfernten Nachbarstern Proxima Centauri nach nur 0,14 Sekunden. Die Reisezeit zum 9 Lichtjahre entfernten Sirius im Sternbild Großer Hund beträgt 0,28 Sekunden, und die 400 Lichtjahre entfernten Plejaden erreichen wir nach 12,6 Sekunden.

Unsere Reise geht weiter an unzähligen Sonnen vorbei, von denen viele größer sind als die unsrige. Nach kurzer Zeit sehen wir unsere eigene Galaxie von außen – eine gigantische Spirale, die aus 200 Milliarden Sonnen besteht. Der Raum, in dem wir uns jetzt bewegen, ist ziemlich leer. Nach 19,3 Stunden gelangen wir zu unserer Nachbargalaxie, dem 2,2 Millionen Lichtjahre entfernten Andromeda-Nebel, der größer ist als unsere Galaxie. Er enthält etwa 400 Milliarden Sonnen. Auch diese Galaxie lassen wir hinter uns und stoßen mit unserer unvorstellbar großen Geschwindigkeit weiter in den Raum vor.

Nach etwa 2 Wochen Reisezeit haben wir uns schon recht weit vom Andromeda-Nebel und von unserer eigenen Galaxie entfernt und stellen fest, daß beide Sternsysteme zu einem Haufen von einigen Dutzend Galaxien gehören. Je weiter wir uns von diesem Gebilde entfernen, desto besser erkennen wir, daß auch dieser Galaxienhaufen zu einer Familie gehört, zu einem Haufen von Galaxienhaufen, einem sogenannten Superhaufen. Aus noch größerer Entfernung können wir möglicherweise sogar noch großräumigere Strukturen erkennen.

Nach 13 Jahren gelangen wir schließlich an das Ziel unserer Reise, den kosmischen Horizont. Dort müssen wir jedoch feststellen, daß sich uns kein wesentlich anderer Anblick bietet als von unserem Reisestartpunkt aus. Auch hier «sehen» wir den kosmischen Horizont wieder in 13 Milliarden Lichtjahren Entfernung. Wie auf der Oberfläche einer Kugel können wir uns im Kosmos immer weiter bewegen, ohne an eine Grenze zu stoßen; trotzdem ist er nicht unendlich.

Mit der milliardenfachen Lichtgeschwindigkeit hätten wir also den
«kosmischen Horizont» nach 13 Jahren «erreicht». Nach weiteren
13 Jahren wären wir wieder zurück auf der Erde, wobei wir von den
Problemen des Bremsens und der Beschleunigung hier einmal abse-
hen wollen.

Einige kosmologische Modelle erlauben darüber hinaus die An-
nahme, daß unzählige Universen existieren, ähnlich einer Ansamm-
lung von Seifenblasen. In dieser Vorstellung wäre also unser riesiges
Weltall sogar nur eine «Blase» unter unzähligen…

Die riesige Erde, ein kosmisches Staubkorn –
und gerade deshalb so kostbar

Bei dem Gedanken, daß unsere Sonne ein Stern unter 200 Milliarden
Sternen allein in unserer Galaxie ist, kommen wir uns vielleicht verlo-
ren vor, oder unsere Existenz mag uns gar sinnlos erscheinen. Ich
meine jedoch, daß gerade das Gegenteil der Fall sein sollte. Das Be-
wußtsein, daß unter den Milliarden von Sonnensystemen vielleicht

nur einige Planeten enthalten, die Lebensformen beherbergen, sollte
uns dazu veranlassen, die Erde mit ganz besonderer Sorgfalt zu be-
handeln. Auch wenn sie – in kosmischen Maßstäben betrachtet –
sehr klein ist, ist sie damit ein ganz besonderes Kleinod unter all den
Himmelskörpern im All.

Menschen, die die Gelegenheit hatten, unseren Planeten aus dem
Weltraum zu sehen, berichten von einem unvergleichlichen Erlebnis.
Aus dieser Perspektive verlieren Zeit und Raum, wie sie für uns «nor-
mal» sind, jegliche Bedeutung. Der französische Astronaut Jean-Loup
Chrétien schilderte seine Eindrücke während einer Erdumkreisung
so: «Gegen sechs Uhr abends flogen wir über die französische Mittel-
meerküste, beinahe über Marseille. Ich habe in dieser Gegend mehr
als zwanzig Jahre gewohnt und kenne sie gut. Mit einem Blick konnte
ich Frankreich, Korsika, Sardinien, Italien und einen Teil von Spanien
sehen sowie Südengland und einen Teil Deutschlands erkennen. Ich
hatte also ein ziemlich großes Gebiet im Blickfeld; dennoch hatte ich
keine Mühe, selbst die kleinsten Einzelheiten jener Gegend auszumachen, in der ich noch wenige Wochen zuvor zu Fuß umhermarschiert
war. Lächelnd begriff ich, wie klein und relativ die Weite unseres Planeten ist. Wenige Sekunden später überflogen wir die UdSSR!»

Ein so prägnanter Wechsel in der Perspektive verändert aber
nicht nur das Empfinden von Raum und Zeit – er hat auch Auswir-
kungen auf den geistigen Horizont. Der amerikanische Astronaut Do-
nald Williams formulierte dies wie folgt: «Für diejenigen, die die Erde
aus dem Weltraum gesehen haben, und für die Hunderte und vielleicht Tausende, die es noch tun werden, verändert das Erlebnis
sehr wahrscheinlich ihre Weltsicht. Die Dinge, die wir auf der Erde
miteinander teilen, werden viel wertvoller als jene, die uns trennen.»

Noch drastischer ist die Schilderung des amerikanischen Astronauten James Irwin: «Die Erde erinnerte uns an eine in der Schwärze
des Weltraums aufgehängte Christbaumkugel. Mit größerer Entfernung wurde sie immer kleiner. Schließlich schrumpfte sie auf die
Größe einer Murmel – der schönsten Murmel, die du dir vorstellen
kannst. Dieses schöne, warme, lebende Objekt sah so zerbrechlich,
so zart aus, als ob es zerkrümeln würde, wenn man es mit dem Finger
anstieße. Ein solcher Anblick muß einen Menschen einfach verändern, muß bewirken, daß er die göttliche Schöpfung und die Liebe
Gottes dankbar anerkennt.»

Ganz offensichtlich hatte Immanuel Kant schon ähnliche Empfindungen, als er folgende Gedanken äußerte: «Die größte Angelegen-

heit des Menschen ist zu erkennen, wie er seine Stellung in der Schöpfung gehörig erfülle und recht verstehe. Zu wissen, was man sein muß, um ein Mensch zu sein.»

So riesig und grenzenlos das Universum auch ist und so gewaltig der Eindruck der Erde von außen gesehen auch sein mag – viele Wunder, die es am Himmel zu sehen gibt, sind auch vom sicheren Erdboden aus und mit bloßem Auge zu erkennen. Denn viele solche Phänomene und Ereignisse umgeben uns, ohne daß wir sie wahrnehmen, trotzdem sind sie immer da. Dieses Buch beschreibt und erklärt einige dieser Dinge, die jeder Mensch im Alltag und ohne Hilfsmittel beobachten kann. Dabei wenden wir unsere Aufmerksamkeit vor allem den beiden uns vertrautesten Himmelskörpern, Sonne und Mond, zu. Sie sind mit der Erde auf faszinierende Weise verbunden. Die spektakulärsten Phänomene, die durch das Zusammenspiel dieser drei Himmelskörper hervorgerufen werden, sind sicherlich Sonnen- und Mondfinsternisse. Es gibt jedoch auch viele andere, alltäglichere Einflüsse von Sonne und Mond auf unseren blauen Planeten. Besonders interessant ist die Beobachtung der jährlichen Bahnen, die die beiden Himmelskörper bei der Betrachtung von der Erde aus beschreiben. Bei geeigneter Darstellung durch fotografische Zeitreihen ergeben sich dabei ganz erstaunliche Muster. Mit ein bißchen mehr Geduld und Glück können wir auch andere Erscheinungen wie Sternschnuppen und Kometen beobachten. Auch diesen Phänomenen ist ein Kapitel gewidmet.

So sehen wir bei genauerer Betrachtung vieles, das uns alltäglich und selbstverständlich erscheint, plötzlich in einer ganz anderen Dimension.

Die Welt verstehen bedeutet nicht, sie zu besitzen, sondern zu ihr zu gehören.
HENRI LABORIT

Kapitel 1:
Sonne und Mond in Mythologie, Geschichte und Literatur

Verfinsterungen von Sonne und Mond haben die Menschen seit jeher fasziniert, in Schrecken versetzt oder zu unglaublichen Spekulationen veranlaßt. Früher galten diese Erscheinungen als Ausdruck des Götterzorns. Aber auch der Mensch an der Schwelle zum 21. Jahrhundert blickt noch mit großem Staunen auf diese spektakulären Himmelsschauspiele, die die Schatten von Mond und Erde aufführen.

Sonnen- und Mondfinsternisse werden in der antiken Mythologie häufig mit Kämpfen von Gut und Böse verbunden. Dies ist leicht nachzuvollziehen, drängt sich doch in einem dualen Weltbild die Verknüpfung mit Licht und Schatten geradezu auf. Man betrachtete eine Finsternis auch als die Folge von Ohnmacht, Krankheit oder Tod des verfinsterten Himmelskörpers, und man nahm an, daß Sonne oder Mond ihren gewohnten Platz am Himmel verlassen hätten.

Einer anderen gängigen Vorstellung zufolge verschlangen höllische, dunkle Mächte oder tierische Ungeheuer die Sonne bei einer Finsternis. So berichtet eine indische Legende, daß der Dämonenherrscher Rahu die Sonne bei einer Sonnenfinsternis aus Zorn verschluckt, weil er nicht an einem himmlischen Fest teilnehmen darf. Rahu läßt die Sonne erst dann wieder frei, wenn Gottkönig Indra ihn bittet, das Universum vor einem permanenten Winter zu retten.

So verschieden diese Vorstellungen auch sind – sie haben alle etwas gemeinsam: die Angst vor einer Bedrohung oder sogar Vernichtung des Gestirns. In vielen Mythen wird die Überzeu-

>

In vielen Religionen wurde die Sonne als zentrale Gottheit verehrt, denn man ging davon aus, daß bei ihrem Verschwinden das Ende der Welt bevorstehe.

>>

Auch der Mond übte eine starke Faszination auf die verschiedenen Kulturen aus und wurde in Mythen und Erzählungen vielfach mit der Sonne in Verbindung gebracht.

gung deutlich, daß beim «Tod» der Sonne das Ende der Welt naht. Das bedeutet gleichzeitig, daß die Sonne schon von Anfang an da gewesen sein muß. Sie spielt deshalb in allen Schöpfungsgeschichten eine wichtige Rolle.

In der Religion der Azteken steht die Sonne im Mittelpunkt. Auf aztekischen Darstellungen wird sie als junger Krieger dargestellt. Dieser stirbt jeden Abend, um am nächsten Tag wiedergeboren zu werden. Im Morgengrauen beginnt sein täglicher Kampf gegen die Sterne und den Mond, die er mit einem Lichtstrahl vertreibt. Die Azteken brachten blutige Menschenopfer dar, um die verfinsterte Sonne zu beschwören und zu stärken. Ganz offensichtlich hatten sie Angst, sie könnte eines Tages für immer verlöschen.

Die Kelten hielten die Sonne für das himmlische Feuer, das einerseits lebensspendend, lebenserhaltend und heilend, andererseits aber auch zerstörerisch war. Sie unterschieden dabei zwischen der Morgen- oder Frühjahrssonne – die junge Sonne –, die die erstarrte Erde erwärmte, gegen den Schnee kämpfte und Pflanzen, Farben und Düfte hervorlockte, und der Mittags- und Hochsommersonne – die alte Sonne –, die zwar Früchte und Korn reifen ließ, durch ihre sengende Hitze jedoch die Ernte vernichten und dadurch die bäuerliche Arbeit eines ganzen Jahres zunichte machen konnte. Die Folge davon war oftmals eine Hungersnot. Zudem konnte sich diese an sich schon «böse» Sonne in einem Gewitter entladen. Je nach der gerade herrschenden Situation konnte dies eine Wohltat oder eine Katastrophe bedeuten. Einerseits löste der Blitz lebensspendenden Regen aus, andererseits gefährdete er das Leben von Menschen, Tieren und Bäumen. Die Kelten hielten den Blitz für die Waffe des Himmelsgottes Taranis. Er besaß, im Gegensatz zum römischen Jupiter oder zum germanischen Thor, auch eine Sonnenkomponente. Blitz und Sonne waren somit himmlische Feuer, die eine wohltätige, zugleich aber auch eine zerstörerische Kraft hatten.

Da die Sonne jede Nacht untergeht, um am Morgen wieder von neuem zu scheinen, wurde sie zum Symbol des über den Tod hinausgehenden Lebens. Auch der Mondzyklus wurde dahingehend gedeutet. Wahrscheinlich gaben die Kelten deswegen ihren Toten Halbmonde als Amulette mit.

Sonne und Mond als Mann und Frau

Ein Mythos der Jivaro-Indianer aus Amazonien verknüpft Sonne, Mond und ihre Erscheinungsbilder in folgender Geschichte: Etsa, die Sonne, war der Sohn des Schöpfers. Eines Tages blies der Schöpfer Schlamm auf Etsa, der gerade schlief. Dieser Schlamm verwandelte sich zu der Frau Nantu, dem Mond. Daraufhin wollte sich Etsa mit Nantu verbinden, aber die eingeschüchterte Nantu ging nicht auf seine Annäherungsversuche ein. Als Etsa sein Gesicht schmückte, um sie günstig zu stimmen, nutzte Nantu diesen Augenblick der Unaufmerksamkeit und flog wie ein Pfeil in die höhere Welt davon. Dort bemalte auch sie sich das Gesicht mit schwarzen Strichen, bevor sie das Himmelsgewölbe hinaufkletterte. Um Nantu einzuholen, sicherte sich Etsa die Hilfe von zwei Papageien und zwei Wellensittichen, die er an seinen Handgelenken und Knien festband. Die Vögel flogen mit Etsa zum Himmelsgewölbe hinauf und brachten ihn zu Nantu. Dort brach zwischen Sonne und Mond ein heftiger Streit aus. Im Zorn schlug Etsa Nantu, und es kam zu einer Mondfinsternis. Nach einiger Zeit jedoch bekam Nantu die Oberhand, und die Sonne verfinsterte sich. Das Ergebnis dieses Streits, der sich wiederholen wird, ist die Unterordnung des Mondes unter die Sonne. Die besiegte Nantu weint, und ihr Gesicht wird rot – das ist der Regen, der kommt, wenn der Mond rot ist. Etsa und Nantu heiraten schließlich und vereinen sich an den Ufern des Flusses Kanusa. Der Mond, der von der Sonne geschwängert worden ist, nimmt nun langsam zu. Schließlich gebärt Nantu ein Kind, Uñushi (der Faulpelz), Vorfahre der Jivaro-Indianer. Nach einiger Zeit ist Uñushi von einer ganzen Reihe von Brüdern und Schwestern umgeben. Darunter befinden sich auch der Amazonasdelphin, das Nabelschwein Pekari und vor allem ein Mädchen, Maniok, die Freundin und enge Gefährtin der Jivaros.

In einem litauischen Volkslied hingegen sind der männliche Mond und die weibliche Sonne geschiedene Eheleute. Die Ursache für ihre Trennung war die Untreue des Mondes, der seine Frau mit dem Morgenstern betrog. Der schuldige Ehemann wurde daraufhin von Perkunas, dem personifizierten Donner, mit Schwertschlägen bestraft. So kam es zur Entstehung der Mondphasen.

Bei vielen Völkern scheint der Mond androgyn, also ein Zwitterwesen gewesen zu sein. Es wurden sogar verschiedene Mondphasen teils dem männlichen, teils dem weiblichen Prinzip zugeordnet. So halten die Buschmänner in Südafrika auch heute noch den Vollmond für weiblich und den Neumond für männlich. Bei den brasilianischen Mura gilt er zwei Wochen lang als männlich und zwei Wochen lang als weiblich.

In Gebieten, in denen die Sonne dominiert und als Spenderin allen Lebens gilt, wird ihr die männliche Kraft eines Herrschers zugeschrieben. Der Mond erhält dort meistens weibliche Züge wie Milde und Sanftheit; er gilt als hingebend, empfangend und hilfreich.

In den gemäßigten Zonen der Erde wurde der Mond in der Gestalt schöner Mondgöttinnen dargestellt, die keusch und mütterlich waren und von Mädchen und Frauen verehrt wurden. Sie förderten die Fruchtbarkeit, das Liebes- und Eheglück und den Kindersegen. Zudem schenkten sie Tau und Regen und segneten die Felder. Die strahlende Schönheit einer

Auch heute noch haben Sonne und Mond für viele Menschen etwas Mystisches an sich. Das Bild zeigt «Mondgöttinnen» bei der Luzerner Fastnacht, aufgenommen am Rosenmontag 1999.

Mondgöttin galt früher als Ideal. Daher war im Orient das Attribut «schön wie der Mond» für ein Mädchen eine hohe Auszeichnung.

Sonne und Mond, regional unterschiedlich bewertet

In den frühen Mythologien wurde die Sonne stets als feurige, kriegerische Gottheit gesehen. In der brennenden Hitze der Tropen trifft dies auch zu. Dagegen brachte der Mond als Lebensspender den nächtlichen Tau, durch den die Pflanzenwelt erquickt wurde.

In den extrem heißen und kalten Regionen des Erdballs, in denen die Sonnenstrahlen entweder zerstörerisch heiß waren oder von den Menschen als viel zu schwach empfunden wurden, kam dem Mond eine größere Verehrung zu als der Sonne.

Das Licht der Sonne galt als rein und ewig. Das Licht des Mondes, der jeden Monat ab- und zunimmt, ist auch mit der Dunkelheit verbunden und galt daher zugleich als sterblich und unsterblich.

Nach alter ägyptischer Vorstellung wird der Vollmond, der dem Sonnenball direkt gegenübersteht, in diesem Augenblick verwundet und nimmt daraufhin ab. Einer anderen ägyptischen Legende zufolge ist der Mond das Auge des Himmelsvogels. Der böse Seth hat das Auge verletzt, und daher wird es krank und damit kleiner (abnehmender Mond), ja schließlich sogar blind (Neumond). Die Götter vermögen das Auge jedoch wieder zu heilen, und so wird es allmählich wieder größer (zunehmender Mond), bis es schließlich wieder rund und groß ist (Vollmond). Jetzt kann der Himmelsvogel wieder sehen.

Der Mond und der Mythos um die Zahl 13

Die meisten von uns halten die Zahl 13 für eine Unglückszahl. Aber woher stammt eigentlich diese Überzeugung? Es gibt bis heute keinen Beweis dafür, daß an einem Freitag, dem 13., mehr Unglücke passieren als an einem anderen Tag. Trotzdem meiden auch in unserer hochtechnisierten Zivilisation Hotels und Fluggesellschaften die Zahl 13, um die Sorge über ihre unglückbringende Wirkung gar nicht erst aufkommen zu lassen. Die Zimmernummer 13 in Hotels und die Sitzreihennummer 13 in Flugzeugen tauchen seltener auf als andere, weil sie oft schlicht und einfach ausgelassen werden.

Warum ist also Freitag, der 13., an vielen Orten der Welt so unbeliebt? Diese Frage ist gar nicht so leicht zu beantworten. Eine Ursache dafür dürfte im Christentum zu finden sein. Jesus Christus starb an einem Freitag, und beim letzten Abendmahl am Tage vor der Kreuzigung saßen 13 Personen am Tisch. Der 13. Teilnehmer am Abendmahl war Judas Ischariot, der Mann, der Jesus verriet und damit den Römern auslieferte.

Bei Muslimen und Hindus gilt der Freitag hingegen als Glückstag, der sich besonders gut zum Heiraten eignet.

Aber auch bei den alten Griechen bedeutete der 13. nichts Gutes. Der Heerführer Agamemnon starb an einem 13., und schon 700 Jahre vor Christus warnte Hesiod davor, an einem 13. mit der Aussaat zu beginnen.

Auch die Kelten fürchteten die Zahl 13 als Unglückszahl. Der keltische Monat war eng mit dem Mond verknüpft. Er begann mit dem Tag nach Neumond, und somit fiel der Vollmond auf den 15. Tag eines jeden Keltenmonats. Neumond und Vollmond waren die beiden Festtage des Monats. Zwischen diesen Ereignissen lag jeweils eine keltische Woche von 14 Tagen. Der 15. Tag, an dem der Mondwechsel stattfand, war gleichzeitig auch der Sonntag. Nun beobachteten die Kelten, daß in der Regel zwei Tage *vor* dem Mondwechsel, also am 13. Tag der keltischen Woche, immer wiederkehrende Besonderheiten im Verhalten von Mensch und Tier auftraten, wie etwa gesteigerte Unruhe, Benommenheit, Liebessehnsucht bei den Menschen, erhöhte Nachtaktivität bei Tieren. Dieser Umstand wurde dem Einfluß des Mondes zugeschrieben.

Gewisse Einflüsse des Mondes auf die Erde sind wissenschaftlich bewiesen. Unter anderem verursacht er die Gezeiten. Wenn also unser Trabant buchstäblich ganze Weltmeere bewegt, ist die Frage sicherlich berechtigt, ob er nicht noch viel mehr bewirkt. An Nautilusschalen konnte zum Beispiel festgestellt werden, daß diese Meerestiere mit jedem Mondumlauf eine «Windung» mehr produzieren. Die Untersuchung von Fossilien ergab daraufhin, daß der Mond in grauer Vorzeit viel näher gewesen sein muß als heute und dementsprechend die Erde schneller umrundete. Inzwischen weiß man auch, daß die Erddrehung durch die «Gezeitenreibung» laufend abgebremst wird. Sehr langsam, aber sicher werden unsere irdischen Tage also immer länger (siehe auch Kapitel 3).

>

Der Mond und die Zahl 13 waren schon immer von Aberglaube und Mystik begleitet. Da der Erdtrabant ganze Weltmeere bewegt, ist die Frage naheliegend, ob er noch weitere Einflüsse auf uns hat.

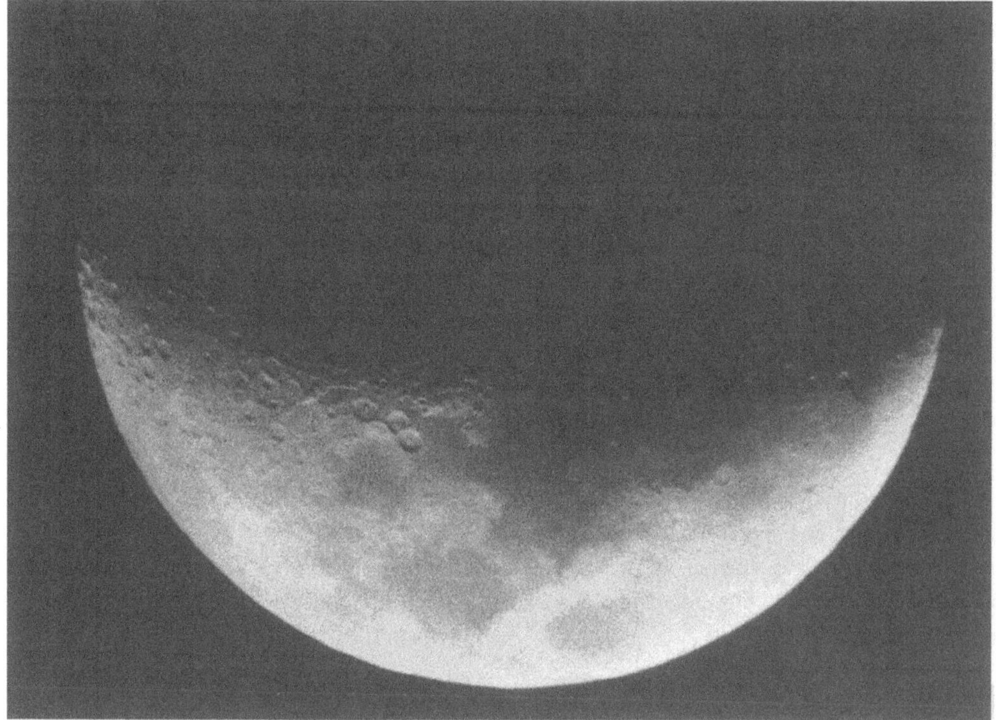

Neben dem teilweise eigentümlichen Verhalten, das der Vollmond bei Mensch und Tier auslöst, scheint der Mond auch einen Einfluß auf den weiblichen Menstruationszyklus zu haben, der im Durchschnitt die Dauer eines Mondmonats hat. Aus diesem Grunde gilt der Mond in vielen Kulturen als Symbol der Weiblichkeit und Fruchtbarkeit.

Über Vampire, die bevorzugt bei Vollmond auftauchen, mag unsere aufgeklärte Zivilisation zwar schmunzeln, dennoch sind Reste subtiler Ängste geblieben, die letztlich mit dem Mond zusammenhängen. So ist die Zahl 13 auch heute noch mit einer geheimnisvollen Aura umgeben – und daran wird sich wohl auch nichts ändern.

Wetterzeichen als Orakel

Nicht nur der Mond und die Zahl 13 spielten in den alten Kulturen eine wichtige Rolle, sondern auch die Wetterzeichen am Himmel, aus denen Vorhersagen für die Zukunft der Menschen abgeleitet wurden.

Von den frühen Hochkulturen in den großen Stromgebieten Eurasiens und Afrikas, den Völkern des Zweistromlandes am Euphrat und Tigris und den Ägyptern am Nil liegen erste schriftliche Aufzeichnungen darüber vor, die über 4000 Jahre alt sind. Sie finden sich auf Tontafeln oder Papyrusblättern und enthalten Beschreibungen von Vorgängen am Himmel und in der Atmosphäre sowie daraus abgeleitete Weissagungen. Zwei davon lauten: «Ist der Mond von einem Hof umgeben, wird der König den Vorrang gewinnen.» «Ist die Sonne bei ihrem Untergang doppelt so groß wie gewöhnlich und mit drei bläulichen Kreisen umzogen, so wird der König des Landes zugrunde gehen.» Im ersten Keilschrifttext werden beispielsweise die Merkmale eines Warmfrontaufzuges mit der entsprechenden Bewölkung und der damit verbundenen Wetterverschlechterung mit Aussagen über gesellschaftliche Verhältnisse verknüpft, zwischen denen natürlicherweise kein Zusammenhang besteht. Ein anderer Keilschrifttext berichtet von einem sogenannten Ringgewitter, einem Gewitter mit einem Sandwirbelsturm, im Monat Abu (Juli/August): «Zur Unzeit brach eine Finsternis herein, und Wolkenstürme drangen von allen Seiten ein: Das Heer wird vernichtet werden.»

In alten Kulturen wurden die Wetterzeichen am Himmel mit gesellschaftlichen Ereignissen verknüpft. Besonders den optischen Phänomenen um Sonne oder Mond (hier ein Halo um die Sonne) wurde eine große Bedeutung beigemessen.

Eine sehr große Bedeutung für Vorhersagen wurde auch den atmosphärenoptischen Phänomenen wie etwa Halos und Farbkränzen um die Sonne beigemessen. Die Babylonier glaubten, was einmal aufgetreten sei, werde zyklisch immer wieder auftreten. Deshalb deuteten sie jede seltsame Himmelserscheinung, die vom «normalen» Verlauf abwich, als Ausdruck himmlischer Einflüsse und nahmen an, daß sie durch Götter und Geister hervorgerufen wurde. Einen besonderen Einfluß hatten nach babylonischer Vorstellung die Geister auf die Winde. Die guten Geister entsprachen den «sieben Weisen» und wurden mit den günstigen Winden verknüpft. Die sieben bösen Geister hingegen, die Boten des Gottes Anu, wurden mit den finsteren Winden, den bösen Stürmen gleichgesetzt. Dabei waren die Vorstellungen über die Winde ziemlich genau. Man wollte schließlich den «Hauch der Götter» richtig deuten, wenn es galt, wichtige Projekte in Angriff zu nehmen. Wurde zum Beispiel ein Tempel gebaut, mußten sich die betreffenden Götter durch die jeweiligen Windrichtungen äußern können.

Auch in Griechenland wurden den Elementen der Natur unterschiedliche Gottheiten zugeordnet. In der griechischen Mythologie hatte der Göttervater Zeus, Sohn des Kronos, eine überragende Stellung. Er hatte Macht über den Gewitterhimmel sowie über das Gewitter selbst mit Blitz und Donner. Der Regenbogen war ein Kennzeichen der Götterbotin Iris. Sie stieg auf ihm zur Erde herab, gleichzeitig war er auch ihr Gewand. Erdbeben galten als Rumoren des in seinem Verlies eingeschlossenen Wirbelwindes Typhon. Die Orkane wurden als seine Söhne angesehen. Bei einer Sonnenfinsternis wurden ganz besondere Witterungsereignisse erwartet. Dies zeigt sich in folgender Ode über die totale Sonnenfinsternis vom 30. April 463 v. Chr., die der griechische Dichter Pindar (518–446 v. Chr.) an die Sonnengöttin richtete:

> *Beim Zeus fleh' ich Dich an,*
> *Wandle, o Herrin, dieses Wunder, das jeden*
> *Entsetzet, in leidlosen Segen für Theben!*
> *Kündet Dein Zeichen uns Krieg*
> *Oder der Feldfrucht Verfall*
> *Oder die Wucht eines Schneesturms, den Worte*
> *Nimmer ermessen, oder vernichtenden Aufruhr?*
> *Soll sich die Seele übers Gefild hin entleeren,*
> *Bringst Du versteinernden Frost oder die Hitze des*

Im alten China waren Astronomie und Meteorologie eine Geheimwissenschaft der Priesterkaiser. Der Kaiser bestimmte die vier Kardinalpunkte des Himmels und entschied über den Kalender. Zur Bewältigung dieser Aufgaben stand ihm ein «Amt für Astronomie» zur Seite, das als Institution zwei Jahrtausende überdauerte. Der Leiter dieser zentralen Behörde besaß die Stellung eines Hofastronomen. Mit seinen Mitarbeitern mußte er aus den Farben der fünf Wolkenarten und der Polarlichter das Eintreten von Fluten oder Dürren, von reichen Ernten oder Hungersnöten vorhersagen. Außerdem hatte er aus der Beobachtung der zwölf Winde auf den Zustand der Harmonie oder Disharmonie zwischen Erde und Himmel zu schließen. Das Ergebnis war dem Kaiser mitzuteilen, damit am kaiserlichen Hof entsprechende Maßnahmen in die Wege geleitet werden konnten. Der kaiserliche Meteorologe schließlich, der hauptsächlich mit meteorologischen Beobachtungen sowie den Vorhersagen von Sonnen- und Mondfinsternissen betraut war, hatte die zehn Arten der Halos, der farbigen Ringerscheinungen um Sonne oder Mond, sowie weitere optische Phänomene in der Natur zu beobachten. Daraus mußte er Gutes oder Schlechtes für die Zukunft ableiten und es der Öffentlichkeit mitteilen. Irrtümer bei astronomischen Berechnungen konnten für den Betreffenden üble Folgen haben. Besonders bei Fehlern in der Vorhersage von Sonnen- und Mondfinsternissen mußte der dafür zuständige Astronom mit der Todesstrafe rechnen.

Die Bedeutung von Finsternissen in der Bibel

Die Sonne, von der Licht, Wärme und Leben ausgehen, ist auch in der Bibel die große Segensspenderin der Welt. So existieren oftmals Parallelen zwischen dem «Christuslicht» und dem Sonnenlicht. Im apokryphen Petrusevangelium aus dem 2. Jahrhundert wird der Tod Christi auf dramatische Weise mit der Verfinsterung der Sonne verknüpft:

> *Es war aber Mittag, und Finsternis umfing ganz Judäa; und sie waren*
> *voll Unruhe und Angst, die Sonne könnte etwa untergegangen sein,*
> *dieweil er noch lebte: denn sie haben ein Schriftwort, daß die Sonne*
> *nicht untergehen dürfe über einem Getöteten. Und einer von ihnen*
> *sprach: Gebt ihm Galle mit Essig zu trinken, und sie mischten es und*
> *tränkten ihn damit. Und sie erfüllten alles und machten über ihr*
> *Haupt die Sünden voll! Viele aber gingen mit Lichtern einher, in der*
> *Meinung, daß es Nacht sei, ...(?). Und der Herr schrie auf und*
> *sprach: Meine Kraft! Kraft! du hast mich verlassen! und da er es*
> *gesagt hatte, war er aufgenommen. Und zur selben Stunde riß der*
> *Vorhang des Tempels zu Jerusalem entzwei. Und da zogen sie die*
> *Nägel aus den Händen des Herrn und legten ihn auf die Erde, und*
> *die Erde erbebte, und es entstand eine große Furcht. Da leuchtete*
> *die Sonne (wieder), und es fand sich, daß es die neunte Stunde war.*
> **(vgl. dazu Luk. 23, 44ff.)**

Die Tatsache, daß Menschen Lichter anzünden, paßt ziemlich gut zur verdunkelten Landschaft während einer totalen Sonnenfinsternis. Die Dauer der Totalität ist jedoch übertrieben.

Eine Verfinsterung von Sonne und Mond, kombiniert mit einem Erdbeben findet innerhalb der Offenbarung des Johannes bei der Eröffnung des sechsten Siegels statt:

> *Und ich sah, als es (das Lamm Gottes) das sechste Siegel öffnete, da*
> *entstand ein großes Erdbeben, und die Sonne wurde schwarz wie*
> *ein härenes Trauergewand, und der ganze Mond wurde wie Blut, und*
> *die Sterne des Himmels fielen auf die Erde, wie ein Feigenbau seine*
> *Früchte abwirft, wenn er von einem starken Wind geschüttelt wird,*
> *und der Himmel entschwand wie eine Buchrolle, die sich zusammen-*
> *rollt, und alle Berge und Inseln wurden von ihren Stellen gerückt ...*
> **(Off., 6, 12–14).**

Physikalisch gesehen ist das Auftreten einer Sonnen- und Mondfinsternis zu gleichen Zeit unmöglich und widerspricht sämtlichen Naturgesetzen. Trotzdem wurden diese dramatischen Schilderungen oft gemalt. So findet man häufig bei Gemälden, die die Kreuzigung Christi darstellen, am Himmel die verfinsterte Sonne und den verfinsterten Mond gleichzeitig dargestellt. Diese spezielle Sonnen- und Mondfinsternis kann als Geste des Mitleids des mächtigen Gestirns mit dem noch mächtigeren Gottessohn gedeutet werden. Mit diesen Darstellungen wird eindrücklich gezeigt, daß die ganze Schöpfung beim Anblick der Passion Christi leidet.

Eine natürliche Sonnenuhr – die Sonne im Martinsloch zu Elm

Zweimal im Jahr sorgt die Sonne in den Schweizer Alpen auch heute noch für ein Naturspektakel der ganz besonderen Art. Etwa acht Tage vor dem astronomischen Frühlingsanfang und ungefähr acht Tage nach dem Herbstanfang scheint sie am Morgen für kurze Zeit durch das «Martinsloch» – genau auf die Kirche des Städtchens Elm im Kanton Glarus. Dieses Ereignis findet jedes Jahr am 13. (14.) März um 8.53 Uhr und am 30. September (1. Oktober) um 8.33 Uhr mitteleuropäischer Zeit statt. Die Abweichungen ergeben sich in Jahren, die einem Schaltjahr vorausgehen. So geht zum Beispiel das Jahr 1999 dem Schaltjahr 2000 voraus, daher war im Frühling 1999 der 14. März der große Tag. Bei klarem Wetter scheint die Sonne, kurz bevor sie sich über die Berge erhebt, für wenige Minuten durch das Martinsloch. Bis zu zwei Tage vor und nach diesen Terminen ist dieses Naturspektakel noch zu beobachten. Der Lichtfleck trifft dann aber nicht mehr die Kirche, weil er rund sechzig Meter pro Tag wandert.

Das Martinsloch ist ein natürlicher Felsentunnel im Großen Tschingelhorn (2850 m). Das Loch ist 17 Meter hoch und 19 Meter breit und befindet sich knapp unter dem Grat in 2642 Meter Höhe. Diese spektakuläre natürliche Sonnenuhr war bereits in früheren Jahrhunderten bekannt und fand in zahlreichen Reiseberichten Erwähnung.

Sagen vom Martinsloch

Wie bei vielen besonderen Naturschauspielen, so ranken sich auch um die «Sonne im Martinsloch» Sagen und Legenden. Die Broschüre «Das Martinsloch zu Elm» erwähnt zwei davon, die in den «Glarner Sagen» von Kaspar Freuler/Hans Thürer (Glarus 1953) erzählt werden:

In der Felswand der Tschingelhörner ist ein mächtiges Fenster im Berg zu sehen, gerade als ob ein Riese mit einem ungeheuren Hammer ein haushohes Loch aus dem Gestein geschlagen hätte. Woher das Martinsloch, durch das zweimal im Jahr die Sonne auf den Käsbissenturm des alten Elmer Kirchleins scheint, wohl seinen Namen hat?

In alten Zeiten soll hier hinten im Tal der heilige Martin einsam seine Schafe gehütet haben, bis eines Tages ein wilder Riese von der

Oben: Einige Minuten, bevor die Sonne durch das Martinsloch auf die Elmer Kirche scheint, bahnt sich im Dunst bereits ein Sonnenstrahl den Weg durch das Loch.

Unten: Bei klarem Wetter scheint die Sonne, kurz bevor sie sich über die Berge erhebt, für wenige Minuten durch das Martinsloch.

Oben: Zweimal im Jahr scheint die Sonne durch das Martinsloch, genau auf die Elmer Kirche.

Unten: Wenn der Wettergott ungünstig gestimmt ist, kann man die Sonne durch das Martinsloch nicht sehen. Diese Leute warten bei der Elmer Kirche auf das Ereignis, doch eine Föhnmauer bedeckt das Martinsloch.

anderen Seite des Berges sich an die Herden heranmachte, um sie zu stehlen. Nach einem gigantischen Ringen des erzürnten Heiligen mit dem Riesen, von dem die Berge widerhallten und wetterleuchteten, warf er dem Riesen schließlich seinen schweren, eisenbeschlagenen Stock nach, der diesen zwar verfehlte, die Felswand jedoch glatt durchbohrte.

In der zweiten Sage heißt es, ein Flimser habe mit seiner schönen Tochter Maria oben am Segnespaß seine Schafherde geweidet; dabei habe sich die Tochter in einen jungen Sennen von Elm verliebt, so daß sie den ihr vom Vater bestimmten reichen Bündner nicht mehr heiraten wollte. Auf Martini mußte der junge Glarner aber wieder zu Tal. Von Sehnsucht getrieben, stieg da die schöne Flimserin ihm nach, verirrte sich aber im Nebel. Da erblickte sie plötzlich durch ein mächtiges Felsenfenster das sonnenbeglänzte Elm, auf dessen Kirchturm die goldenen Zeiger leuchteten und ihr den Weg in die Heimat ihres Geliebten zeigten. Sie fand gastliche Aufnahme im Haus seiner Eltern, wo sie den Winter über blieb. Um Lichtmeß gingen die beiden über den Berg nach Flims, um dort den Segen des Vaters zu erbitten. Doch der Vater blieb hart und jagte sie davon. Das unglückliche Paar wurde noch ein letztes Mal hoch oben im Fenster des Martinsloches gesehen – und dann hörte man nie mehr etwas von den beiden Liebenden. Der Zugang zum Loch aber wurde von Lawinen auf beiden Seiten zerstört, und nur die Sonne findet ihn jeweils am Martinstag und, 80 Tage später, zu Lichtmeß.

Der 100jährige Kalender – ein Wetterhoroskop mit Siebenjahreszyklus

Der auch heute noch beliebte 100jährige Kalender sollte besondere Witterungsereignisse vorhersagen, um Katastrophen zu verhindern.

Sein «Erfinder» war der Abt Moritz Knauer (1613–1664), der dem Kloster Langheim im Bistum Bamberg vorstand. Knauer hatte sich zum Ziel gesetzt, auf der Grundlage regelmäßiger Wetterbeobachtungen Aussagen über die günstigste bäuerliche Arbeitsfolge, die zu erwartende Ernte, über Fischmenge, Ungeziefer und sogar Krankheiten machen zu können. Sein Ansatz war sehr praxisorientiert, denn er interessierte sich für die optimalen Zeitpunkte für Aussaat und Ernte und wollte Vorhersagen darüber machen können, in welchen Jahren gute und in welchen schlechte Ernten zu erwarten wären.

Daraus konnte er dann schließen, wann Rücklagen angelegt
werden sollten, wann hohe
Marktpreise zu erwarten waren
und wann man sich besonders
vor Krankheiten schützen sollte.

Knauer machte insgesamt
sieben Jahre lang, von 1652 bis
1658, tagebuchartige Wetterauf-

Der 100jährige Kalender sollte es ermöglichen, das
Wetter nach einem Planetenhoroskop auf lange Zeit
vorauszusehen und damit die Menschen vor Naturkata-
strophen oder gewaltigen Unwettern zu warnen. Man
ging davon aus, daß sich das Wetter mit einer regelmäßigen Periode von sieben Jahren wiederholen würde.
Störfaktoren waren allerdings zum Beispiel Kometen
oder eine Sonnenfinsternis.

zeichnungen, ohne jedoch meteorologische Meßinstrumente zu benutzen. Danach stellte er seine Wetterbeobachtungen ein, da er
glaubte, daß die sieben damals bekannten Planeten, zu denen man
auch Sonne und Mond zählte, in einem festen, immer wiederkehren-

den Rhythmus die Natur und damit auch das Wetter beeinflußten. Der Teil unseres Sonnensystems jenseits von Saturn war zu dieser Zeit noch völlig unbekannt. Die sieben wetterbestimmenden «Planeten» waren also Sonne, Mond, Merkur, Venus, Mars, Jupiter und Saturn. Ein solches «Planetenjahr» dauerte jeweils von Frühlingsanfang bis Frühlingsanfang. Dieser regelmäßige Zyklus konnte gelegentlich zum Beispiel durch Kometen oder eine Sonnenfinsternis gestört werden. Auch hier wurde der Verfinsterung der Sonne also eine große Bedeutung beigemessen, denn man glaubte, daß ein solches Ereignis den natürlichen, vorgegebenen Wetterablauf störe. Im Normalfall jedoch bescherte jeder Planet «seinem» Jahr eine bestimmte Witterung. So war zum Beispiel ein Jupiterjahr warm und trocken, während ein Saturnjahr kalt und feucht war. Nach einer Siebenjahresperiode sollte der Zyklus erneut beginnen, deshalb beendete Knauer in gutem Glauben nach sieben Jahren seine Beobachtungen. Hätte er sie noch einige Jahre weitergeführt, so hätte er feststellen müssen, daß die Natur viel komplexer ist, als er angenommen hatte. 1664 starb er, ohne seine Aufzeichnungen veröffentlicht zu haben.

Dies übernahm später der geschäftstüchtige Arzt Christoph von Hellwig aus Frankfurt. Er ordnete den Wetteraufzeichnungen von Knauer die Planeten für die Jahre 1701–1801 zu. 1721 erschienen diese modifizierten Aufzeichnungen erstmals unter dem Begriff «100jähriger Kalender».

Ein Vergleich der Wettervorhersage des 100jährigen Kalenders mit dem realen Wetter zeigt jedoch keinerlei statistisch relevante Übereinstimmung. Die Wahrscheinlichkeit für das Eintreffen einer Vorhersage ist genauso groß wie die Wahrscheinlichkeit für das Nicht-Eintreffen. Für eine Trefferquote von 50 : 50 könnte man aber ebensogut würfeln!

Dennoch erfreut sich der 100jährige Kalender bis heute großer Beliebtheit. Dies läßt sich wohl vor allem auf das Wunschdenken zurückführen, das Wetter wirklich vorausberechnen zu können. Seine Bedeutung in der Vergangenheit war allerdings tatsächlich so groß, daß er zur Zeit Friedrich des Großen neben der Bibel zu den am weitesten verbreiteten deutschen Büchern gehörte. Er wurde nicht nur in Deutschland, sondern auch in den östlichen Nachbarländern zur Wettervorhersage herangezogen.

Astrologische Prophezeiungen für den 11. August 1999

Auch an der Schwelle zum dritten Jahrtausend sind Finsternisse von Sonne und Mond immer noch von einer geheimnisvollen Aura umgeben. Daher gab es auch für den 11. August 1999 düstere Prophezeiungen. So war auf der Titelseite der deutschen «Bild»-Zeitung am 31. Dezember 1998 in großen Lettern zu lesen: «1999, das unheimliche Sternenjahr». In der Einleitung dieses Artikels schrieb der Verfasser:

Was braut sich da am Sternenhimmel zusammen? Astrologen sehen für 1999 eine kosmische Konstellation, wie sie in ihren Augen schlimmer nicht sein könnte: Sonne und Mond stehen Uranus direkt gegenüber. Und der Mars gegen Saturn. Ein magisches Quadrat wie 1914, als der Erste Weltkrieg ausbrach. Zusätzlich gibt es am 11. August 1999 die erste totale Sonnenfinsternis seit 40 Jahren über Deutschland. Ab 11 Uhr wandert totale Nacht über unser Land. Schon der mittelalterliche Nostradamus (1503–1566) weissagte: ‹Im Jahr 1999 und sieben Monate (August nach unserer Zeitrechnung) wird ein großer Schreckenskönig vom Himmel steigen.› [...] Wenn es am 11. August 1999 zu einer totalen Sonnenfinsternis kommt, stehen vier Planeten in einem magischen Quadrat – Mars (Krieg) und Saturn (Behinderung) – Uranus (Rebellion) und Mond, eine explosive Mischung. Zuletzt gab es eine vergleichbare Planetenkonstellation 1914. Im gleichen Jahr brach der Erste Weltkrieg aus – nach schwerer Krise auf dem Balkan. [...]

In der Schweizer Zeitung «Blick» war bereits am 24. Oktober 1998 folgendes zu lesen:

Elisabeth Teissier (60), die berühmteste Astrologin der Welt, ist in tiefer Sorge! BLICK sprach mit der attraktiven Schweizerin über ihre Deutung der Sterne fürs nächste Jahr. Sie glaubt, daß die Erde von der größten Katastrophe aller Zeiten bedroht wird. Schicksalstag ist der 11. August 1999! [...] Gemäß Teissier wird 1999 eines der schwierigsten Jahre unseres Jahrhunderts: ‹Alles, was explosiv ist, wird explodieren. Es könnte Kriege in Israel, Palästina, China oder Rußland geben. Es könnte aber auch eine riesige Naturkatastrophe passieren. Ein Erdbeben oder ein Aufprall eines Meteoriten. Die Sonnenfinsternis kann aber auch Umweltvergiftungen oder gar einen Atomkrieg auslösen.›

Totale Sonnenfinsternis
Gefährliche Planeten-Konstellation
Düstere Nostradamus-Prophezeiung
Sonne
Mond
Saturn
1999
Das unheimliche
Sternen-Jahr
Donnerstag,
31. Dezember 1998. 70 Pf
ES GIBT NUR EINE NR.1
JEDER WILL SMITH!
WILL SMITH
GENE HACKMAN
DER
STAATSFEIND
NR.1
JETZT ÜBERALL
IM KINO!
Jaa, du Adler!
Schmitts 1. Sieg bei Vierschanzen-Tournee

Die Planetenkonstellation vom 11. August 1999: Mars, Uranus, Saturn, Sonne und Mond stehen im Quadrat zueinander (durchgezogene rote Linie). Zusätzlich bedrohlich: Sie stehen sich gleichzeitig auch noch gegenüber (gestrichelte rote Linie). Nur die Konstellation Venus – Jupiter (weisse Linie) bedeutet Hoffnung.

Diese Textpassagen verraten: Trotz aller Faszination und wissenschaftlicher Aufklärung sind die Ängste vor einer Sonnenfinsternis nach wie vor so virulent, daß Massenblätter damit Schlagzeilen machen.

Finsternisse, die in die Geschichte eingegangen sind

Thales von Milet, ein griechischer Wissenschaftler, leitete Gesetze der Mathematik her, welche wir heute noch in der Schule lernen. Zwar glaubte auch er damals noch, daß die Erde flach sei, trotzdem gelang es ihm mit Hilfe von babylonischen Tafeln, eine ungefähre Vorhersage einer Sonnenfinsternis zu machen. Nach Herodot waren die Meder und die Lyder mitten in einer Schlacht, als es während des Tages finster wurde. Thales hatte den Ioniern diese Dunkelheit auf das Jahr genau vorhergesagt. Obwohl er den Tag nicht angegeben hatte, beeindruckte seine Vorhersage so sehr, daß sofort Frieden geschlossen wurde. Somit wurde durch die totale Sonnenfinsternis vom 28. Mai 585 v. Chr. eine Schlacht beendet.

Als Christoph Kolumbus an der Küste von Jamaica strandete, wurde seine Mannschaft sehr unzufrieden, die Schiffe waren von Würmern zerfressen und die Bevölkerung war abweisend, da die Ankömmlinge die Dörfer plünderten. Glücklicherweise wußte Kolumbus aus den Tabellen des Astronomen Johannes Müller, daß bald eine totale Mondfinsternis fällig war.

Verzweifelt rief er die Eingeborenen zusammen und drohte ihnen, sein Gott werde den Mond vom Himmel verschwinden lassen, wenn sie ihm seine Unterstützung verweigerten. Kurz darauf begann die Mondfinsternis, worauf die Eingeborenen Kolumbus baten, seinen Gott wieder gnädig zu stimmen. Mit der Mondfinsternis vom 29. Februar 1504 gelang es dem Entdecker von Amerika also, die Unterstützung der einheimischen Bevölkerung zu gewinnen.

Bei der Sonnenfinsternis vom 8. Juli 1842 konnten europäische Wissenschaftler erstmals zeigen, daß die rötlichen Protuberanzen und Lichtströme, die den Mond bei einer totalen Sonnenfinsternis umgeben, nicht von einer Mondatmosphäre stammen, sondern zur Sonne gehören.

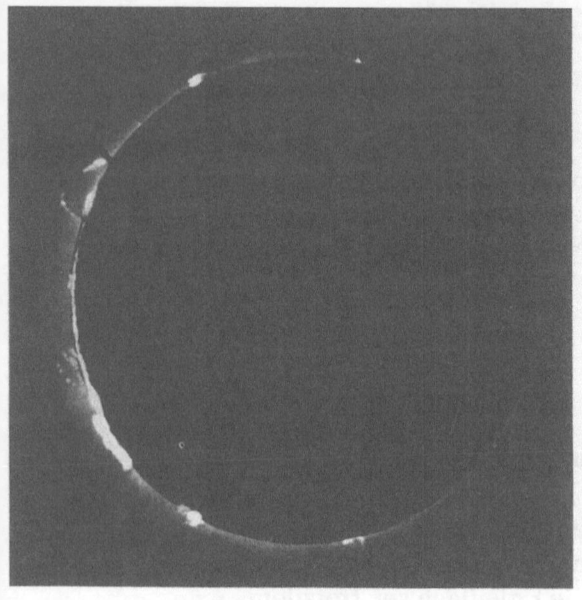

Sonnenfinsternis vom 18. 7. 1860,
Faksimile der Originalfotografie.

Sonnenfinsternis vom 18 .7. 1860,
Lithographie nach vier Fotografien.

Sonnenfinsternis vom 18. 7. 1860,
Kopie eines Stahlstichs nach einer
Handzeichnung.

Sonnenfinsternis vom 18. 7. 1860,
Chromolithographie nach einer Handzeichnung.

Kapitel 1

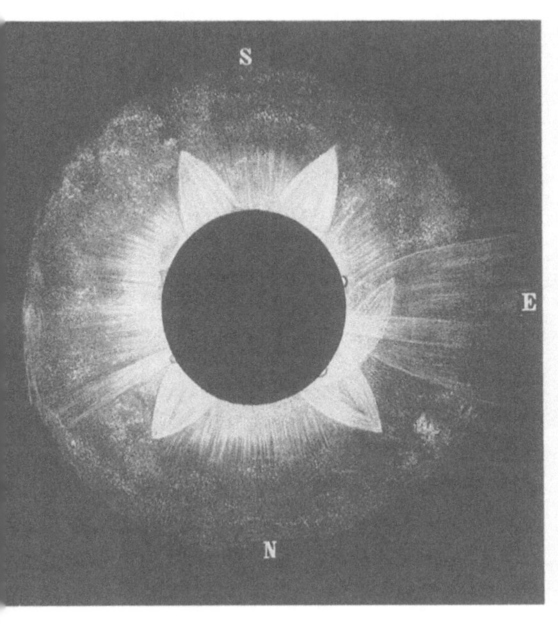

Sonnenfinsternis vom 7. 9. 1859,
Chromolithographie nach einer Handzeichnung.

Sonnenfinsternis vom 12. 12. 1871,
Stahlstich nach einer Kreidezeichnung.

Sonnenfinsternis vom 12. 12. 1871,
Reproduktion der Originalfotografie.

Sonnenfinsternis vom 12. 12. 1871,
Lithographie nach einem Glasnegativ.

Sonne und Mond in Mythologie und Literatur

Sonnenfinsternis vom 6. 4. 1878,
Litographie nach einer Handzeichnung.

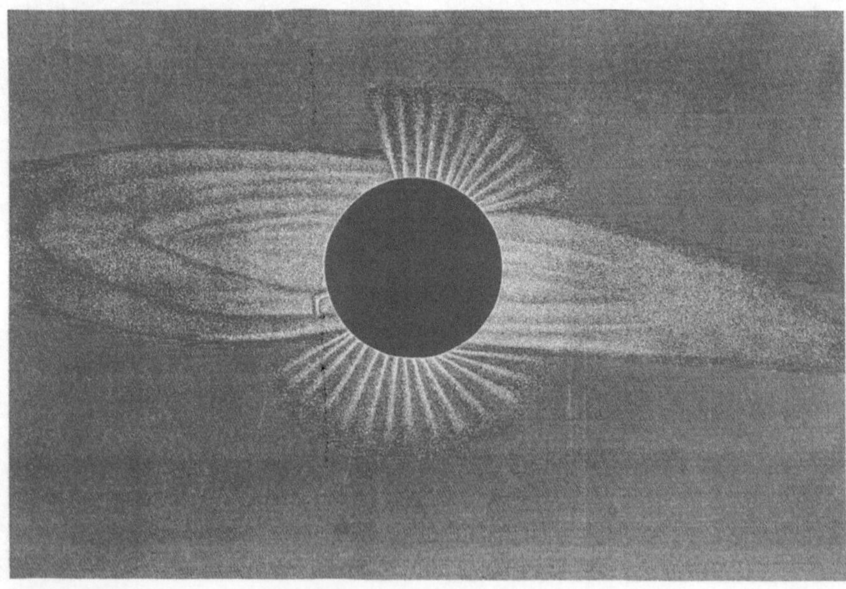

Sonnenfinsternis vom 6. 4. 1878,
Litographie nach einer Handzeichnung.

Sonnenfinsternis vom 28. 5. 1900,
Reproduktionen zweier unterschiedlich
belichteter Fotografien.

Sonnenfinsternis vom 28. 5. 1900,
Lithographie.

Sonnenfinsternis vom 28. Mai 1900 (Negativ).

Während der Sonnenfinsternis vom 18. August 1868 bestimmte der französische Astronom Pierre Jules César Janssen das Spektrum der Sonnenkorona und ermöglichte damit die Analyse der Sonnenatmosphäre. Zudem konnte im gelben Teil des Sonnenspektrums ein Element bestimmt werden, das nach dem griechischen Wort für Sonne benannt wurde – das Helium. Erst ein Vierteljahrhundert später konnte es auch auf der Erde nachgewiesen werden.

Bei der Sonnenfinsternis vom 29. März 1919 konnte eine Gruppe von britischen Wissenschaftlern Einsteins Theorie bestätigen, daß das Licht durch die Schwerkraft der Sterne abgelenkt wird. Da die Sonne vor den Sternen des Hyadenhaufens vorbeizog, vermaßen die

Wissenschaftler während der Finsternis einige Sterne des Hyadenhaufens und stellten fest, daß diese scheinbar verschoben waren im
Vergleich zur üblichen Position. Auf den Seiten 46–50 sind einige hi-
storische Sonnenfinsternisse abgebildet. Einerseits handelt es sich
um Handzeichnungen, andererseits existieren ab dem 19. Jahrhundert bereits einige erste Fotografien von diesem Himmelsphänomen.

Sonnen- und Mondfinsternis in der Literatur

Auch in der Literatur wird das Unheimliche, das von Sonnen- und
Mondfinsternissen ausgeht, deutlich. So zum Beispiel in Friedrich
Dürrenmatts Erzählung «Mondfinsternis»:
Ein Schweizer, der in jungen Jahren sein Dorf in den Bergen ver-
ließ, um nach Kanada auszuwandern, kehrt als alter Mann wieder in
seine Heimat zurück, um sich zu rächen. Er verspricht den Dorfbe-
wohnern sehr viel Geld, wenn sie einen Bauern ermorden, indem sie
einen Unfall beim Holzfällen vortäuschen. Die Mordnacht fällt gerade
auf Vollmond, ja sogar auf eine Mondfinsternis. Der Mond, der wie
ein silbriges Auge am Himmel den schrecklichen Handlungen der
Mörder zuschaut, verfinstert sich und verfärbt sich dabei blutrot.
Die Mondfinsternis verleiht dem ganzen Geschehen somit eine unheimliche, mystische Atmosphäre, wie die folgende Textpassage
zeigt:

*«Beginnen wir», sagt der Bärenwirt, und dann schlagen Hackers
Chrigu und Geissgrasers Nobi ihre Beile in die Blüttlibuche, die Beile
prallen zuerst ab am eisenharten Stamm, die Schläge hallen durchs
Tal, mächtig sind sie im Dorf zu hören, dann dringen die Beile
langsam ein, jetzt schlagen Res Stierer und Binggu Kobler, und der
Bärenwirt sieht, wie Mani, an den Baum gelehnt, die Lippen bewegt.
Der Bärenwirt gibt ein Zeichen, Kobler und Stierer hören auf zuzu-
hauen, und der Bärenwirt neigt sich zu Mani und fragt, ob er noch
etwas wolle. «Der Vollmond», antwortet Mani mit großen Augen.
«Der Vollmond?» fragt der Bärenwirt und schaut verständnislos hin.
«Was soll mit dem sein?» Dann wendet er sich wieder den beiden
mit den Beilen zu. «Es ist nichts, schlagt weiter.» «Ich weiss nicht»,
sagt Binggu, und Res sagt: «Schau dir doch noch einmal den
Vollmond an, Bärenwirt.» Der betrachtet ihn. «Der ist nicht mehr ganz
rund», sagt er dann. «Ein kleines Stück ist weg», sagt hinter ihm*

Sämu furchtsam. Dem Bärenwirt geht ein Licht auf. «Eine Mondfinsternis», erklärt er, «das kommt jeden Monat vor». «Noch nie gesehen», mault Hermännli Zurbrüggen. Ob sie denn je den Mond
betrachtet hätten oder die Sterne, fragt der Bärenwirt. Jede Nacht
säßen sie ja bei ihm in der Gaststube, und wenn sie heimgingen,
sähen sie sowieso den Mond nicht, so voll seien sie dann; eine
Mondfinsternis sei etwas beinah Allwöchentliches, er habe schon
den Halbmond so halb gesehen, daß er wie ein Viertelkäse ausgesehen habe, in Minuten sei jede Mondfinsternis vorüber. «Die nimmt
aber zu», sagt Binggu, «der Mond wird immer weniger». Alle schwei-
gen, und dann kommt vom Waldrand der alte Geissgraser auf die
Bauern zu wie ein Gespenst im Mondlicht, das unmerklich immer
schwächer wird. «Ihr Kälber, merkt ihr nun, warum euch Wauti
Lotcher mit seinen Millionen verführt hat, Mani in dieser Vollmond-
nacht totzuschlagen», meckerte der Alte schadenfreudig, «weil heute
der Mond zerplatzt, weil er von innen zu glühen beginnt, ihr werdet
es sehen. Ich habe das schon einige Male beobachtet, aber noch nie
an einem Sonntag. Der Mond wird heute in Stücken auf die Erde
fallen, jedes Stück größer als Europa, und die Erde und die Welt
werden untergehen. Darum gibt auch der Lotcher seine Millionen
her, weil sie ihm sowieso nichts mehr nützen.» Der Alte lacht, hopst
vor Freude im Schnee herum, aber sein Sohn Ludi schreit ihm zu:
«Halt's Maul.» Und Binggu schlägt mit dem Beil wie wild auf die
Blüttlibuche ein, und dann fängt auch Res an zuzuschlagen, ebenso
wild, ebenso trotzig, im höllischen Takt. «Aufhören», schreit der
Bärenwirt entsetzt, «der Mond verschwindet». Die beiden glotzen wie
die anderen den Mond an. «Er verschwindet nicht», meint Res
Stierer, «etwas rostiges Braunes legt sich über ihn». «Das ist die
Sonne», überlegt sich Binggu Kobler. «Ich glaube, Australien»,
korrigiert ihn Zurbrüggens Sämi, «ich glaube, ich habe das in der
Schule gelernt». «Unsinn», sagt Res, «die Erde ist rund, da können
die nicht gleichzeitig da oben sein, sonst können die in Australien ja
auf dem Mond spazierengehen, so ein Blödsinn». Die Bauern starren
und starren. Der Mond verfinstert sich immer unerbittlicher, wechselt
von einem erdigen Braun zu einem rostigen Braun und ist von
brennenden Sternen umgeben, die vorher nicht da waren, wird
endlich zu einem glühenden zerfressenen Auge, mit gräßlichen
Geschwüren übersät, das bösartig auf den dunkelrot verfärbten
Schnee und die Bauern glotzt, deren Beile wie mit Blut beschmiert
scheinen. «Hau ab, Mani», brüllt der Bärenwirt, «hau ab», und fällt auf

die Knie. «Unser Vater, der Du bist im Himmel», beginnt er zu beten, und die anderen Bauern beten mit, «Dein Name werde geheiligt». Nur der alte Geissgraser wälzt sich im Schnee, der Mond platze von innen, sein Eiter werde alles überschwemmen, und dann gehe die Welt unter; er grölt, jubelt, lacht. «Dein Reich komme», beten die Bauern. Mani scheint nicht begriffen zu haben, daß er frei ist, sitzt immer noch unbeweglich. «Dein Wille geschehe auf Erden wie im Himmel.» Endlich kommt Mani hoch, da bricht es hinter dem feuerrot glühenden Geschwür am Himmel hervor, ein weißheller Funke. «Er kommt wieder», schreit Hermännli Zurbrüggen. «Der Mond kommt wieder, der Mond.» Die Bauern schnellen hoch, ein einziger Freuden-schrei, die Furcht fällt von ihnen ab, je mehr der gleißende Funke wächst, zu einem Stück des alten Vollmonds wird. «Haut zu», schreit der Bärenwirt, und schon schlagen Res und Binggu in den Baum, in mächtigem Takt, hinein mit den Beilen in den Stamm, gegen den sich Mani lehnt, sitzend, die Beine gespreizt im Schnee, der sein gespenstisches Dunkelrot verliert, dann schlagen wieder Nobi und Chrigu zu, der Mond tritt immer prächtiger hervor hinter dem blutigen Geschwür, das sich in nichts auflöst, die Sterne verschwin-den, jetzt schlagen auch Hinterkrachen und der alte Zurbrüggen zu, Aebiger, Fäser, Aellen und Bödelmann, dann alle Bauern, auch der Bärenwirt, jeder springt vor, ein Schlag, dann der nächste; und wie die Blüttlibuche niederfällt, ist der Vollmond, wie er vor der Mondfin-sternis war, groß, rund, milde, sanft, der Himmel schwimmendes silbernes Licht. Nun müßten sie ihn noch unter dem Stamm hervor-kratzen, die Blüttlibuche sei mordsdick, befiehlt der Bärenwirt, Mani sehe schön zerquetscht aus, soweit man es sehe, ein einziger Brei. Und daher ist denn auch um acht, wie es Tag wird, der Bärenwirt etwas enttäuscht, als Lotcher die Leiche nicht sehen will, sondern meint, er glaube es ihm ja, daß Mani verunglückt sei, warum solle er denn noch die Leiche besichtigen.

(...)

Eine besonders originelle und interessante Schilderung einer Son-nenfinsternis findet man in Mark Twain's Geschichte: «Ein Yankee aus Connecticut an König Artus' Hof».

Ein Amerikaner aus dem 19. Jahrhundert bekommt bei einer Auseinandersetzung einen Schlag auf den Kopf und wird bewußtlos. Als er wieder zu sich kommt, sieht er sich (auf unerklärliche Weise)

nach England ins 6. Jahrhundert zurückversetzt, es ist der 19. Juni
528. Er wird von einem Ritter gefangen genommen und an den Hof
des König Artus gebracht, um dort zum Tode verurteilt zu werden.
Da er als Amerikaner des 19. Jahrhunderts für diese Leute sehr exotische Kleider trägt, glauben diese, daß das Ganze ein gefährlicher
Zauber sei. Dies mißfällt auch Merlin, dem Zauberer, der ebenfalls
für die Todesstrafe des Amerikaners plädiert. Glücklicherweise weiß
dieser aber, daß am 21. Juni des gleichen Jahres eine totale Sonnenfinsternis stattgefunden hat. Deshalb kommt er auf die folgende Idee:

(...)

*Mir fiel gerade noch zur rechten Zeit ein, wie Kolumbus oder Cortes
oder sonst einer von diesen Leuten einmal eine Sonnenfinsternis als
rettenden Trumpf gegen irgendwelche Wilde ausgespielt hatte, und
ich sah meine Chance. Jetzt konnte ich selbst sie ausspielen, und ein
Plagiat war es ja auch nicht, denn ich brachte sie ja fast tausend
Jahre vor diesen Leuten an den Mann. (...)*

Er beschließt deshalb, sich mit Merlin anzulegen und ihn mit «seiner
Zauberei» zu übertrumpfen. Deshalb übermittelt er dem Knappen
Clarence folgende Drohung, die er dem König übergeben soll, um
sich dem Tod auf dem Scheiterhaufen zu entziehen:

*(...)«Geh zurück und teile dem König mit, daß ich um jene Stunde die
ganze Welt in der tiefen Schwärze der Mitternacht ersticken lassen
werde, ich will die Sonne auslöschen, und nie wieder soll sie
scheinen; aus Mangel an Licht und Wärme sollen die Früchte der
Erde verfaulen, und bis auf den letzten Mann sollen die Völker der
Erde Hungers sterben!» (...)*

Mit diesem Trick versucht er also, seinem Tod auf dem Scheiterhaufen zu entgehen. Wie folgende Textpassage zeigt, muß er sich dabei
aber noch ordentlich anstrengen:

*(...) Als mich die Soldaten über den Hof führten, herrschte eine
solche Stille, daß ich, wären mir die Augen verbunden gewesen,
angenommen hätte, ich befände mich an einem einsamen Ort,
anstatt durch eine Wand von viertausend Leuten eingeschlossen zu
sein. In dieser ganzen Menschenmenge war nicht die geringste*

*Bewegung festzustellen; alle waren so starr wie Steinbilder und auch
ebenso blaß; auf jedem Gesicht war Furcht zu lesen. Diese Stille hielt
an, während ich an den Pfahl gekettet wurde, sie hielt auch weiter
an, während die Reisigbündel ordentlich und mit peinlicher Sorgfalt
um meine Knöchel, meine Knie, meine Hüften, meinen ganzen
Körper geschichtet wurden. Dann trat eine Pause ein und womöglich
noch tiefere Stille; ein Mann mit einer flammenden Fackel kniete zu
meinen Füßen nieder; die Menge beugte sich vor, um mich anzustar-
ren, und erhob sich dabei unbewußt ein wenig von den Sitzen; der
Mönch reckte die Hände über meinen Kopf, hielt den Blick zum
blauen Himmel emporgerichtet und begann lateinische Worte zu
murmeln; in dieser Haltung brummelte er eine Weile weiter, und dann
unterbrach er sich. Ich wartete einige Augenblicke und sah dann auf:
wie versteinert stand er da. Als wäre die Menge durch einen gemein-
samen Impuls getrieben, erhob sie sich langsam von den Plätzen und
starrte in den Himmel. Ich folgte ihren Blicken und, ei der Kuckuck,
da begann ja meine Sonnenfinsternis! Heiß durchbrauste das Leben
meine Adern; ich war wie neu geboren! Langsam drang der schwarze
Rand in die Sonnenscheibe vor, mein Herz schlug immer höher; die
Versammelten und der Priester starrten noch immer bewegungslos
zum Himmel auf. Ich wußte, daß ihre Blicke als nächstes auf mich
fallen würden. Als das geschah, war ich bereit. Ich stand in einer der
großartigsten Posen da, die ich je zustande gebracht habe, und mein
ausgestreckter Arm deutete auf die Sonne. Es war ein hervorragen-
der Effekt. Man konnte geradezu sehen, wie der Schauder gleich
einer Welle durch die Menschenmenge lief. Zwei Rufe ertönten, der
eine gleich nach dem anderen;
«Legt die Fackel an!»
«Ich untersage es!»
Der erste kam von Merlin, der zweite vom König. Merlin sprang von
seinem Platz auf – um selbst die Fackel anzulegen, nahm ich an.
Ich rief: «Bleib, wo du bist! Falls jemand sich rührt, sogar der König,
bevor ich es ihm erlaube, werde ich ihn mit Donnerschlägen zer-
schmettern, mit Blitzen verzehren!»
Kleinlaut sank die Menge auf ihre Sitze zurück, und eben das hatte
ich erwartet. Merlin zögerte einen Augenblick, und ich stand während
der kurzen Zeit wie auf Kohlen. Dann setzte er sich, und ich holte tief
Atem, denn ich wußte, jetzt hatte ich die Situation in der Hand.
Der König sagte: «Laßt Mitleid walten, edler Herr, und treibt dieses
gefahrvolle Beginnen nicht weiter, damit nicht ein Unglück folge. Uns*

wurde berichtet, Eure Macht werde erst morgen ihre volle Stärke erreichen, aber...»

«Eure Majestät glauben, der Bericht sei vielleicht erlogen gewesen? Jawohl, er war erlogen.»

Das hatte eine gewaltige Wirkung; ringsum hob alles flehend die Hände und bestürmte den König mit Bitten, mir jeden Preis zu bieten, um das Unheil aufzuhalten.

Der König war begierig, den Bitten nachzukommen; er sagte: «Nennt Eure Bedingungen, ehrwürdiger Herr, gleichgültig welche – und wenn es die Hälfte meines Königreichs wäre; aber bannt dieses Unheil, verschont die Sonne!»

Ich war ein gemachter Mann; ich hätte ihn gern augenblicklich beim Wort genommen, aber eine Sonnenfinsternis konnte ich nicht aufhalten; das stand ganz außer Frage. So bat ich um Bedenkzeit.

Der König sagte: «Wie lange, ach, wie lange denn, bester Herr! Habt Erbarmen, seht, es wird dunkler mit jedem Augenblick. Ich bitte Euch, wie lange?»

«Nicht lange. Eine halbe Stunde – vielleicht eine Stunde.»

Tausend jammervolle Protestrufe erhoben sich, aber ich konnte die Sache nicht kürzer machen, denn ich wußte nicht mehr, wie lange eine totale Sonnenfinsternis dauert. Die Angelegenheit war mir sowieso ein Rätsel, und ich wollte darüber nachdenken. Irgendwas an dieser Sonnenfinsternis stimmte nicht, und die Tatsache war sehr beunruhigend. Wenn es sich um die handelte, auf die ich aus war, wie sollte ich dann feststellen, ob dies das 6. Jahrhundert oder bloß ein Traum war? Du liebe Güte, könnte ich nur beweisen, daß das zweite zutraf! Hier bot sich neue, frohe Hoffnung. Wenn der Junge in bezug auf das Datum recht hatte und heute tatsächlich der 20. war, dann war dies nicht das 6. Jahrhundert. Ich faßte den Mönch in ziemlich heftiger Erregung am Ärmel und fragte ihn, der wievielte heute sei.

Der Teufel soll ihn holen, er antwortete, wir hätten den 21.! Mich überlief es kalt, als ich das hörte. Ich fragte ihn, ob ein Irrtum ausgeschlossen sei, aber er war sicher, er wußte bestimmt, daß es der 21. war. Dieser leichtsinnige Junge hatte also wieder alles durcheinandergebracht! Die Tageszeit war für die Sonnenfinsternis die richtige, das hatte ich selbst zu Beginn auf der Sonnenuhr gesehen, die sich in der Nähe befand. Jawohl, ich war wirklich an König Artus' Hof und mochte nun eben das beste daraus machen. Die Dunkelheit nahm immer weiter zu, und die Menschen wurden immer bestürzter. Nun sagte ich:

«Ich habe nachgedacht, Herr König. Damit sie als Lehre dient, werde
ich diese Dunkelheit noch tiefer werden lassen und Nacht über die
Welt breiten; an Ihnen aber liegt es, ob ich die Sonne für immer
auslösche oder sie wiederherstelle. Meine Bedingungen sind folgende:
Sie sollen König über all Ihre Gebiete bleiben und allen Ruhm und alle
Ehre, die dem Königtum zustehen, empfangen, aber Sie sollen mich
auf Lebenszeit zu Ihrem Minister und Bevollmächtigten ernennen und
mir für meine Verdienste ein Prozent des Mehreinkommens geben,
das ich über die gegenwärtigen Einkünfte hinaus für den Staat erzielen
kann. Wenn ich damit nicht auskomme, werde ich niemanden bitten,
mir unter die Arme zu greifen. Sind Sie einverstanden?»
Tosender Beifall erklang, und daraus erhob sich die Stimme des
Königs: «Fort mit seinen Banden, laßt ihn frei! Ehrt ihn alle, hoch und
niedrig, reich und arm, denn er ist des Königs rechte Hand geworden
und mit Macht und maßgeblichem Ansehen bekleidet, und sein Platz
ist auf der höchsten Stufe des Thrones! Nun aber fegt Ihr diese
schleichende Nacht davon und bringt das Licht und die Freude
zurück, damit Euch alle Welt segnen möge!»
Ich sagte jedoch: «Daß ein gemeiner Mann vor aller Welt beschämt
wird, bedeutet nichts; es würde aber den König entehren, wenn alle,
die seinen Minister nackt sahen, nicht auch sähen, wie er von seiner
Schande befreit wird. Ich möchte darum bitten, daß mir meine
Kleidung zurückgebracht wird ...»
«Sie schickt sich nicht für Euch», unterbrach mich der König. «Holt
andere Gewänder; kleidet ihn wie einen Prinzen!»
Meine Absicht gelang. Ich wollte die Dinge lassen wie sie waren, bis
die Sonnenfinsternis total wäre, sonst versuchten sie wieder, mich zu
bereden, die Dunkelheit zu vertreiben, und das konnte ich natürlich
nicht. Daß ich Kleidung holen ließ, gab mir etwas Aufschub, aber
nicht genug. So mußte ich eine neue Ausrede benutzen. Ich sagte,
es wäre durchaus natürlich, daß der König vielleicht seine Meinung
änderte und bis zu einem gewissen Grade bereute, was er in der
Aufregung getan hatte; deshalb wollte ich die Dunkelheit noch eine
Weile zunehmen lassen, und wenn der König nach einer angemessen
langen Frist noch immer derselben Meinung sei, dann wollte ich die
Dunkelheit vertreiben. Weder König noch sonst jemand war mit
dieser Anordnung zufrieden, aber ich mußte ja auf meinen Willen
bestehen. Es wurde dunkler und immer dunkler, schwärzer und
immer schwärzer, während ich mich mit dieser unbequemen Kleidung aus dem 6. Jahrhundert herumplagte. Endlich wurde es

Das Motiv, auf dem Scheiterhaufen hingerichtet zu werden und sich
mit Hilfe einer Sonnenfinsternis zu retten, kommt sogar in der Geschichte «Tim und Struppi im Sonnentempel» vor. Diese Geschichte
wurde auch als Zeichentrickfilm verfilmt.

Als Gegenstück zu diesen faulen Tricks, mit denen die Leute für
dumm verkauft werden, fällt die folgende Geschichte mit dem Titel
«Die Sonnenfinsternis» von Augusto Monterroso aus dem Rahmen:

Die Sonnenfinsternis vom 8. Juli 1842

Eine außerordentlich eindrückliche Schilderung der Sonnenfinsternis
vom 8. Juli 1842 stammt von Adalbert Stifter. Er beobachtete sie in
Wien. Seine Worte vermitteln sehr deutlich die Faszination und gleichzeitig die Angst, die auch er als Naturwissenschaftler beim Anblick
dieses Himmelsschauspiels empfand. Seine Darstellung schafft somit
eine Verbindung zu den alten Mythen und Legenden, die ja oft von
Furcht, Schrecken und Entsetzen berichten, wenn sich die Sonne verfinsterte. Ebenso wird aber auch die Erleichterung nach der Finsternis spürbar – das empfundene Glück darüber, daß die Sonne doch
nicht verloschen ist. Doch lassen wir Stifter für sich selbst sprechen:

Es gibt Dinge, die man fünfzig Jahre weiß, und im einundfünfzigsten
erstaunt man über die Schwere und Furchtbarkeit ihres Inhaltes. So
ist es mir mit der totalen Sonnenfinsternis ergangen, welche wir in
Wien am 8. Juli 1842 in den frühesten Morgenstunden bei dem
günstigsten Himmel erlebten. Da ich die Sache recht schön auf dem
Papiere durch eine Zeichnung und Rechnung darstellen kann, und
da ich wußte, um soundso viel Uhr trete der Mond unter der Sonne
weg und die Erde schneide ein Stück seines kegelförmigen Schattens ab, welches dann wegen des Fortschreitens des Mondes in
seiner Bahn und wegen der Achsendrehung der Erde einen schwarzen Streifen über ihre Kugel ziehe, was man dann an verschiedenen
Orten zu verschiedenen Zeiten in der Art sieht, daß eine schwarze
Scheibe in die Sonne zu rücken scheint, von ihr immer mehr und
mehr wegnimmt, bis nur eine schmale Sichel übrigbleibt, und endlich
auch die verschwindet – auf Erden wird es da immer finsterer und
finsterer, bis wieder am anderen Ende die Sonnensichel erscheint
und wächst, und das Licht auf Erden nach und nach wieder zum
vollen Tag anschwillt – dies alles wußte ich voraus, und zwar so gut,
daß ich eine totale Sonnenfinsternis im voraus so treu beschreiben
zu können vermeinte, als hätte ich sie bereits gesehen.
Aber da sie nun wirklich eintraf, da ich auf einer Warte hoch über der
ganzen Stadt stand, und die Erscheinung mit eigenen Augen
anblickte, da geschahen freilich ganz andere Dinge, an die ich weder
wachend noch träumend gedacht hatte, an die keiner denkt, der das
Wunder nicht gesehen. Nie und nie in meinem ganzen Leben war ich
so erschüttert, von Schauer und Erhabenheit so erschüttert, wie in
diesen zwei Minuten, es war nicht anders, als hätte Gott auf einmal
ein deutliches Wort gesprochen, und ich hätte es verstanden. Ich
stieg von der Warte herab, wie vor tausend und tausend Jahren etwa
Moses von dem brennenden Berge herabgestiegen sein mochte,
verwirrten und betäubten Herzens.
Es war ein so einfach Ding. Ein Körper leuchtet einen anderen an,
und dieser wirft seinen Schatten auf einen dritten: aber die Körper
stehen in solchen Abständen, daß wir in unserer Vorstellung kein
Maß mehr dafür haben, sie sind so riesengroß, daß sie über alles,
was wir groß heißen, hinaus schwellen – ein solcher Komplex von
Erscheinungen ist mit diesem einfachen Dinge verbunden, eine
solche moralische Gewalt ist in diesen physischen Hergang gelegt,
daß er sich unserem Herzen zum unbegreiflichen Wunder empor-
türmt.

Vor tausend mal tausend Jahren hat Gott es so gemacht, daß es heute zu dieser Sekunde sein wird; in unsere Herzen aber hat er die Fibern gelegt, es zu empfinden. Durch die Schrift seiner Sterne hat er versprochen, daß es kommen werde nach tausend und tausend Jahren, unsere Väter haben diese Schrift entziffern gelernt und die Sekunde angesagt, in der es eintreffen müsse; wir, die späten Enkel, richten unsere Augen und Sehrohre zu gedachter Sekunde gegen die Sonne, und siehe: es kommt – der Verstand triumphiert schon, daß er ihm die Pracht und Einrichtung seiner Himmel nachgerechnet und abgelernt hat – und in der Tat, der Triumph ist einer der gerechtesten des Menschen – es kommt, stille wächst es weiter – aber siehe, Gott gab ihm auch für das Herz etwas mit, was wir nicht vorausgewußt und was millionenmal mehr wert ist, als was der Verstand begriff und vorausrechnen konnte: das Wort gab er ihm mit: ‹Ich bin – nicht darum bin ich, weil diese Körper sind und diese Erscheinung, nein, sondern darum, weil es euch in diesem Momente euer Herz schau-ernd sagt, und weil dieses Herz sich doch trotz der Schauer als groß empfindet.› – Das Tier hat gefürchtet, der Mensch hat angebetet. Ich will es in diesen Zeilen versuchen, für die tausend Augen, die zugleich in jenem Momente zum Himmel aufblickten, das Bild, und für die tausend Herzen, die zugleich schlugen, die Empfindung nachzumalen und festzuhalten, insofern dies eine schwache, menschliche Feder überhaupt zu tun imstande ist. Ich stieg um fünf Uhr auf die Warte des Hauses Nr. 495 in der Stadt, von wo aus man die Übersicht nicht nur über die ganze Stadt hat, sondern auch über das Land um dieselbe bis zum fernsten Horizon-te, an dem die ungarischen Berge wie zarte Luftbilder dämmern. Die Sonne war bereits herauf und glänzte freundlich auf die rauchenden Donauauen nieder, auf die spiegelnden Wasser und auf die vielkanti-gen Formen der Stadt, vorzüglich auf die Stephanskirche, die fast greifbar nahe an uns aus der Stadt, wie ein dunkles, ruhiges Gebirge aus Gerölle, emporstand. Mit einem seltsamen Gefühl schaute man die Sonne an, da an ihr nach wenigen Minuten so Merkwürdiges vorgehen sollte. Weit draußen, wo der große Strom geht, lag eine dicke, langgestreckte Nebellinie, auch im südöstlichen Horizonte krochen Nebel und Wolkenballen herum, die wir sehr fürchteten, und ganze Teile der Stadt schwammen in Dunst hinaus. An der Stelle der Sonne waren nur ganz schwache Schleier, und auch diese ließen große, blaue Inseln durchblicken.

Die Instrumente wurden gestellt, die Sonnengläser in Bereitschaft
gehalten, aber es war noch nicht an der Zeit. Unten ging das
Gerassel der Wägen, das Laufen und Treiben an – oben sammelten
sich betrachtende Menschen; unsere Warte füllte sich, aus den
Dachfenstern der umstehenden Häuser blickten Köpfe, auf Dachfir-
sten standen Gestalten, alle nach derselben Stelle des Himmels
blickend, selbst auf der äußersten Spitze des Stephansturmes, auf
der letzten Platte des Baugerüstes stand eine schwarze Gruppe, wie
auf Felsen oft ein Schöpfchen Waldanflug – und wie viele tausend
Augen mochten in diesem Augenblicke von den umliegenden Bergen
nach der Sonne schauen, nach derselben Sonne, die Jahrtausende
den Segen herabschüttet, ohne daß einer dankt – heute ist sie das
Ziel von Millionen Augen, aber immer noch, wie man sie mit dämpfenden Gläsern anschaut, schwebt sie als rote oder grüne Kugel rein
und schön umzirkelt in dem Raume. Endlich zur vorausgesagten
Minute – gleichsam wie von einem unsichtbaren Engel – empfing sie
den sanften Todeskuß, ein feiner Streifen ihres Lichtes wich vor dem
Hauche dieses Kusses zurück, der andere Rand wallte in dem Glase
des Sternenrohres zart und golden fort – «es kommt» riefen nun auch
die, welche bloß mit dämpfenden Gläsern, aber sonst mit freien
Augen hinaufschauten – «es kommt», und mit Spannung blickte nun
alles auf den Fortgang.
Die erste seltsame fremde Empfindung rieselte nun durch die
Herzen, es war die, daß draußen in der Entfernung von Tausenden
und Millionen Meilen, wohin nie ein Mensch gedrungen, an Körpern,
deren Wesen nie ein Mensch erkannte, nun auf einmal etwas zur
selben Sekunde geschehe, auf die es schon längst der Mensch auf
Erden festgesetzt.
Man wende nicht ein, die Sache sei ja natürlich und aus den Bewe-
gungsgesetzten der Körper leicht rechenbar; die wunderbare Magie
des Schönen, die Gott den Dingen mitgab, frägt nichts nach solchen
Rechnungen, sie ist da, weil sie da ist, ja sie ist trotz der Rechnungen
da, und selig das Herz, welches sie empfinden kann; denn nur dies
ist Reichtum, und einen andern gibt es nicht – schon in dem ungeheuren Raum des Himmlischen wohnt das Erhabene, das unsere
Seelen überwältigt, und doch ist dieser Raum in der Mathematik
sonst nichts als groß.
Indes nun alle schauten, und man bald dieses, bald jenes Rohr
rückte und stellte, und sich auf dies und jenes aufmerksam machte,
wuchs das unsichtbare Dunkel immer mehr und mehr in das schöne

Licht der Sonne ein – alle harrten, die Spannung stieg; aber so
gewaltig ist die Fülle dieses Lichtmeeres, das von dem Sonnenkör-
per niederregnet, daß man auf Erden keinen Mangel fühlte, die
Wolken glänzten fort, das Band des Wassers schimmerte, die Vögel
flogen und kreuzten lustig über den Dächern, die Stephanstürme
warfen ruhig ihre Schatten gegen das funkelnde Dach, über die
Brücke wimmelte das Fahren und Reiten, wie sonst, sie ahneten
nicht, daß indessen oben der Balsam des Lebens, das Licht, heim-
lich wegsieche – dennoch draußen an dem Kahlengebirge und
jenseits des Schlosses Belvedere war es schon, als schliche Finsternis, oder vielmehr ein bleigraues Licht, wie ein böses Tier heran –
aber es konnte auch Täuschung sein, auf unserer Warte war es lieb
und hell, und Wangen und Angesichter der Nahestehenden waren
klar und freundlich wie immer.
Seltsam war es, daß dies unheimliche, klumpenhafte tief schwarze
vorrückende Ding, das langsam die Sonne wegfraß, unser Mond sein
sollte, der schöne sanfte Mond, der sonst die Nächte so florig silbern
beglänzte; aber doch war er es, und im Sternenrohr erschienen auch
seine Ränder mit Zacken und Wulsten besetzt, den furchtbaren
Bergen, die sich auf dem uns so freundlich lächelnden Runde
türmen.
Endlich wurden auch auf Erden die Wirkungen sichtbar und immer
mehr, je schmäler die am Himmel glühende Sichel wurde; der Fluß
schimmerte nicht mehr, sondern war ein taftgraues Band, matte
Schatten lagen umher, die Schwalben wurden unruhig, der schöne
sanfte Glanz des Himmels erlosch, als liefe er von einem Hauch matt
an, ein kühles Lüftchen hob sich und stieß gegen uns, über die
Augen starrte ein unbeschreiblich seltsames, aber bleischweres
Licht, über den Wäldern war mit dem Lichterspiele die Beweglichkeit
verschwunden, und Ruhe lag auf ihnen, aber nicht die des Schlum-
mers, sondern die der Ohnmacht – und immer fahler goß sich's über
die Landschaft, und diese wurde immer starrer. Die Schatten unserer
Gestalten legten sich leer und inhaltslos gegen das Gemäuer, die
Gesichter wurden aschgrau – erschütternd war dieses allmähliche
Sterben mitten in der noch vor wenigen Minuten herrschenden
Frische des Morgens.
Wir hatten uns das Eindämmern wie etwa ein Abendwerden vorgestellt, nur ohne Abendröte; wie geisterhaft aber ein Abendwerden
ohne Abendröte sei, hatten wir uns nicht vorgestellt, aber auch
außerdem war dies Dämmern ein ganz anderes, es war ein lastend

unheimliches Entfremden unserer Natur; gegen Südost lag eine
fremde gelbrote Finsternis und die Berge und selbst das Belvedere
wurden von ihr eingetrunken – die Stadt sank zu unseren Füßen
immer tiefer, wie ein wesenloses Schattenspiel hinab, das Fahren
und Gehen und Reiten über die Brücke geschah, als sähe man es in
einem schwarzen Spiegel – die Spannung stieg aufs höchste. Einen
Blick tat ich noch in das Sternrohr, er war der letzte; so schmal wie
mit der Schneide eines Federmessers in das Dunkel geritzt stand nur
mehr die glühende Sichel da, jeden Augenblick zum Erlöschen, und
wie ich das freie Auge hob, sah ich auch, daß bereits alle anderen
die Sonnengläser weggetan und bloßen Auges hinaufschauten – sie
hatten auch keines mehr nötig; denn nicht anders als wie der letzte
Funke eines erlöschenden Dochtes schmolz eben auch der letzte
Sonnenfunken weg, wahrscheinlich durch die Schlucht zwischen
zwei Mondbergen zurück – es war ein ordentlich trauriger Anblick –
deckend stand nun Scheibe auf Scheibe –, und dieser Moment war
es eigentlich, der wahrhaft herzzermalmend wirkte – das hatte keiner
geahnet –, ein einstimmiges ‹Ah› aus aller Munde und dann Totenstil-
le, es war der Moment, da Gott redete, und die Menschen horchten.
Hatte uns früher das allmähliche Erblassen und Einschwinden der
Natur gedrückt und verödet, und hatten wir uns das nur fortgehend
in eine Art Tod schwindend gedacht: so wurden wir nun plötzlich
aufgeschreckt und emporgerissen durch die furchtbare Kraft und
Gewalt der Bewegung, die da auf einmal durch den ganzen Himmel
lag: die Horizontwolken, die wir früher gefürchtet, halfen das Phänomen erst recht bauen, sie standen nun wie Riesen auf, von ihrem
Scheitel rann ein fürchterliches Rot, und in tiefem kalten schweren
Blau wölbten sie sich unter und drückten den Horizont – Nebelbän-
ke, die schon lange am äußersten Erdsaume gequollen und bloß
mißfärbig gewesen waren, machten sich nun gelten, und schauerten
in einem zarten, furchtbaren Glanze, der sie überlief – Farben, die nie
ein Auge gesehen, schweiften durch den Himmel.
Der Mond stand mitten in der Sonne, aber nicht mehr als schwarze
Scheibe, sondern gleichsam halb transparent wie mit einem leichten
Stahlschimmer überlaufen, rings um ihn kein Sonnenrand, sondern
ein wundervoller, schöner Kreis von Schimmer, bläulich, rötlich, in
Strahlen auseinanderbrechend, nicht anders, als gösse die obenste-
hende Sonne ihre Lichtflut auf die Mondeskugel nieder, daß es rings
auseinanderspritzte – das Holdeste, was ich je an Lichtwirkung sah!
Draußen weit über das Marchfeld hin lag schief eine lange, spitze

Sonnenfinsternis vom 8. Juli 1842,
Stahlstich nach einer Handzeichnung.

Lichtpyramide gräßlich gelb, in Schwefelfarbe flammend und
unnatürlich blau gesäumt; es war die jenseits des Schattens be-
leuchtete Atmosphäre, aber nie schien ein Licht so wenig irdisch und
so furchtbar, und von ihm floß das aus, mittels dessen wir sahen.
Hatte uns die frühere Eintönigkeit verödet, so waren wir jetzt erdrückt
von Kraft und Glanz und Massen – unsere eigenen Gestalten hafteten
darinnen wie schwarze, hohle Gespenster, die keine Tiefe haben; das
Phantom der Stephanskirche hing in der Luft, die andere Stadt war
ein Schatten, alles Rasseln hatte aufgehört, über die Brücke war
keine Bewegung mehr; denn jeder Wagen und Reiter stand und
jedes Auge schaute zum Himmel – nie, nie werde ich jene zwei

Minuten vergessen –, es war die Ohnmacht eines Riesenkörpers, unserer Erde.

Wie heilig, wie unbegreiflich und wie furchtbar ist jenes Ding, das uns stets umflutet, das wir seelenlos genießen und das unseren Erdball mit solchen Schaudern überzittern macht, wenn es sich entzieht, das Licht, wenn es sich nur kurz entzieht.

Die Luft wurde kalt, empfindlich kalt, es fiel Tau, daß Kleider und Instrumente feucht waren – die Tiere entsetzten sich; was ist das schrecklichste Gewitter, es ist ein lärmender Trödel gegen diese todesstille Majestät – mir fiel Lord Byrons Gedicht ein: «Die Finsternis», wo die Menschen Häuser anzünden, Wälder anzünden, um nur Licht zu sehen – aber auch eine solche Erhabenheit, ich möchte sagen Gottesnähe, war in der Erscheinung dieser zwei Minuten, daß dem Herzen nicht anders war, als müsse er irgendwo stehen.

Byron war viel zu klein – es kamen, wie auf einmal, jene Worte des heiligen Buches in meinen Sinn, die Worte bei dem Tode Christi: «Die Sonne verfinsterte sich, die Erde bebte, die Toten standen aus den Gräbern auf, und der Vorhang des Tempels zerriß von oben bis unten.»

Auch wurde die Wirkung auf alle Menschenherzen sichtbar. Nach dem ersten Verstummen des Schrecks geschahen unartikulierte Laute der Bewunderung und des Staunens: der eine hob die Hände empor, der andere rang sie leise vor Bewegung, andere ergriffen sich bei denselben und drückten sie – eine Frau begann heftig zu weinen, eine andere in dem Hause neben uns fiel in Ohnmacht, und ein Mann, ein ernster fester Mann, hat mir später gesagt: daß ihm die Tränen herabgeronnen.

Ich habe immer die alten Beschreibungen von Sonnenfinsternissen für übertrieben gehalten, so wie vielleicht in späterer Zeit diese für übertrieben wird gehalten werden; aber alle, so wie diese, sind weit hinter der Wahrheit zurück. Sie können nur das Gesehene malen, aber schlecht, das Gefühlte noch schlechter, aber gar nicht die namenlos tragische Musik von Farben und Lichtern, die durch den ganzen Himmel liegt – ein Requiem, ein Dies irae, das unser Herz spaltet, daß es Gott sieht und seine teuren Verstorbenen, daß es in ihm rufen muß: ‹Herr, wie groß und herrlich sind deine Werke, wie sind wir Staub vor dir, daß du uns durch das bloße Weghauchen eines Lichtteilchens vernichten kannst und unsere Welt, den holdvertrauten Wohnort in einen wildfremden Raum verwandelst, darin Larven starren!›

Aber wie alles in der Schöpfung sein rechtes Maß hat, so auch diese Erscheinung, sie dauerte zum Glücke sehr kurz, gleichsam nur den Mantel hat er von seiner Gestalt gelüftet, daß wir hineinsehen, und augenblicks wieder zugehüllt, daß alles sei wie früher.

Gerade da die Menschen anfingen, ihren Empfindungen Worte zu geben, also da sie nachzulassen begannen, da man eben ausrief: ‹Wie herrlich, wie furchtbar› – gerade in diesem Momente hörte es auf: mit eins war die Jenseitswelt verschwunden und die hiesige wieder da, ein einziger Lichttropfen quoll am oberen Rande wie ein weißschmelzendes Metall hervor, und wir hatten unsere Welt wieder – er drängte sich hervor, dieser Tropfen, wie wenn die Sonne selber ordentlich froh wäre, daß sie überwunden habe, ein Strahl schoß gleich durch den Raum, ein zweiter machte sich Platz – aber ehe man nur Zeit hatte zu rufen: ‹Ach!› bei dem ersten Blitz des ersten Atomes, war die Larvenwelt verschwunden und die unsere wieder da: das bleifarbene Lichtgrauen, das uns vor dem Erlöschen so ängstlich schien, war uns nun Erquickung, Labsal, Freund und Bekannter, die Dinge warfen wieder Schatten, das Wasser glänzte, die Bäume waren grün, wir sahen uns in die Augen – siegreich kam Strahl an Strahl, und wie schmal, wie winzig schmal auch nur noch erst der leuchtende Zirkel war, es schien, als sei uns ein Ozean von Licht geschenkt worden – man kann es nicht sagen, und der es nicht erlebt, glaubt es kaum, welche freudige, welche siegende Erleichterung in die Herzen kam: wir schüttelten uns die Hände, wir sagten, daß wir uns zeitlebens daran erinnern wollen, daß wir das miteinander gesehen haben – man hörte einzelne Laute, wie sich die Menschen von den Dächern und über die Gassen zuriefen, das Fahren und Lärmen begann wieder, selbst die Tiere empfanden es; die Pferde wieherten, und die Sperlinge auf den Dächern begannen ein Freudengeschrei, so grell und närrisch, wie sie es gewöhnlich tun, wenn sie sehr aufgeregt sind, und die Schwalben schossen blitzend und kreuzend hinauf, hinab, in der Luft umher.

Das Wachsen des Lichtes machte keine Wirkung mehr, fast keiner wartete den Austritt ab, die Instrumente wurden abgeschraubt, wir stiegen hinab, und auf allen Straßen und Wegen waren heimkehrende Gruppen und Züge in den heftigsten, exaltiertesten Gesprächen und Ausrufungen begriffen. Und ehe sich noch die Wellen der Bewunderung und Anbetung gelegt hatten, ehe man mit Freunden und Bekannten ausreden konnte, wie auf diesen, wie auf jenen, wie hier, wie dort die Erscheinung gewirkt habe, stand wieder das

*schöne, holde, wärmende, funkelnde Rund in den freundlichen
Lüften, und das Werk des Tages ging fort.*

*Wie lange aber das Herz des Menschen fortwogte, bis es auch
wieder in sein Tagwerk kam, wer kann es sagen? Gebe Gott, daß der
Eindruck recht lange nachhalte, er war ein herrlicher, dessen selbst
ein hundertjähriges Menschenleben wenige aufzuweisen haben wird.
Ich weiß, daß ich nie, weder von Musik noch Dichtkunst, noch von
irgendeiner Naturerscheinung oder Kunst so ergriffen und erschüttert
worden war – freilich bin ich seit Kindheitstagen viel, ich möchte fast
sagen, ausschließlich mit der Natur umgegangen und habe mein
Herz an ihre Sprache gewöhnt und liebe diese Sprache, vielleicht
einseitiger, als es gut ist; aber denke, es kann kein Herz geben, dem
nicht diese Erscheinung einen unverlöschlichen Eindruck zurückgelassen habe.*

Kapitel 2:
Entstehung, Eigenschaften und Entwicklung unserer Himmelskörper

Die Entstehung unserer Himmelskörper

Nach heutiger Kenntnis leben wir in einem Universum, das vor etwa 13 Milliarden Jahren entstand. Aus einer gewaltigen Explosion, dem «Urknall», ging ein extrem kleiner Feuerball mit unvorstellbarer Dichte und Temperatur hervor – das frühe Universum. Als Folge der Explosion begann es, sich auszudehnen, ein Vorgang, der bis heute immer noch andauert. Mehrere hunderttausend Jahre nach dem Urknall hatten sich riesige Mengen an Wasserstoff, dem leichtesten Element, welches aus einem Proton und einem Elektron besteht, sowie etwas Helium und Spuren von Lithium gebildet. Durch Zusammenballung von Materie bildeten sich im Laufe der Zeit die Sterne, die in riesigen Haufen, den Galaxien, angeordnet waren. Galaxien sind gigantische Ansammlungen von vielleicht mehreren 100 Milliarden Sonnen. Auch die Anzahl der Galaxien selbst schätzt man heute auf über 100 Milliarden.

So bildete sich also vor Milliarden von Jahren aus Materie der Urwolke auch eine sich drehende Gasspirale – unsere Ur-Milchstraße. Als sich die Gasmassen langsam zu Sternen verdichteten, entstanden die Sonnen. Massive Sterne der ersten Generation verschmolzen Wasserstoff zu Helium und schwereren Elementen. Da diese massiven Sterne kurzlebig waren und zum Ende ihres Lebens hin instabil wurden, zerbarsten sie «bald» in hellen Supernova-Explosionen – übrig blieb ein Sternrest und eine gigantische Gaswolke. Vor einigen Milliarden Jahren verdichtete sich auch eine Wolke von Staub und Gas am Rande der Milchstraße. In ihrem Zentrum bildete sich ein dichter, heißer Kern, aus dem ein gelber Stern entstand – unsere Sonne. Man nimmt heute an, daß sich die verbleibende Materie in konzentrischen Kreisen um die neugeborene Sonne sammelte, aus denen schließlich vor etwa 4,8 Milliarden Jahren die neun Planeten, mindestens sechzig Monde, Tausende von Asteroiden und unzählige Meteoriten und Kometen hervorgingen.

Die Sonne – unser Mutterstern

Unsere Sonne ist eine leuchtende Gaskugel, ein Stern unter insgesamt 200 Milliarden in unserem Milchstraßensystem. Mit ihrem Gefolge aus neun Planeten und deren Monden umkreist sie das Zentrum unserer spiralförmigen Galaxie. Dabei befindet sie sich in einem Abstand von knapp 32 000 Lichtjahren vom Zentrum der Milchstraße, im äußeren Teil eines ihrer Spiralarme. Unser gesamtes Sonnensystem umkreist das Milchstraßenzentrum mit einer Geschwindigkeit von rund 250 Kilometer pro Sekunde und benötigt für eine vollständige Umrundung rund 240 Millionen Jahre. Es bewegt sich aber auch relativ zu unseren Sternnachbarn: Mit einer Geschwindigkeit von rund 19 Kilometer pro Sekunde entfernen wir uns von den Sternen um Canopus im Sternbild Schiffskiel in Richtung Wega im Sternbild Leier.

Astronomisch gesehen ist die Sonne ein ganz normaler Durchschnittsstern. Sie ist der nächste Stern in unserer Umgebung – ein glühender Gasball, dessen Oberfläche durchwühlt und viel aktiver ist, als es auf den ersten Blick erscheint. Sie hat einen Durchmesser von 1,4 Millionen Kilometern, was dem 109fachen Erddurchmesser entspricht. Die mittlere Entfernung Erde–Sonne beträgt rund 150 Millionen Kilometer. Für diese Strecke benötigt das Sonnenlicht trotz seiner unvorstellbar großen Ausbreitungsgeschwindigkeit etwa acht Minuten. Für uns bedeutet das: Wenn wir einen Sonnenaufgang betrachten, ist die Sonne eigentlich bereits vor acht Minuten aufgegangen. Sehen wir die Sonne am Horizont versinken, ist sie eigentlich bereits vor acht Minuten untergegangen. Wir sehen nur noch das «Restlicht», das zur Erde unterwegs ist und uns ihr Bild vermittelt. Den ganzen Tag über sehen wir die Sonne also immer dort, wo sie in Wirklichkeit vor acht Minuten war.

Dies mag erstaunlich klingen, doch sehen wir tatsächlich alle Sterne am Himmel nicht in ihrem jetzigen Zustand, sondern in demjenigen, in dem sie waren, als das von ihnen ausgesandte Licht seine Reise zur Erde antrat. Wenn wir zum Beispiel den Andromeda-Nebel durch ein Fernrohr betrachten, erblicken wir diese Spiralgalaxie mit etwa 400 Milliarden Sonnen so, wie sie vor 2,2 Millionen Jahren aussah! So lange nämlich braucht das Licht, um vom Andromeda-Nebel zur Erde zu gelangen, und deshalb sagen die Astronomen, der Andromeda-Nebel sei 2,2 Millionen Lichtjahre von uns entfernt. Das Licht des hellen, bläulich leuchtenden Sterns Sirius im Sternbild Großer Hund braucht dagegen «nur» etwa 9 Jahre, bis es unseren Planeten erreicht hat. Die Reisezeit des von Pluto reflektierten Sonnenlichtes beträgt zwischen 4 und 7 Stunden, je nach seinem Abstand von der Erde.

Wenn sich die auf- oder untergehende Sonne gerade über dem Horizont befindet, werden ihre Lichtstrahlen auf dem langen Weg durch die Erdatmosphäre besonders stark gekrümmt. In der Physik sagt man, das Licht wird in der Atmosphäre gebrochen. Dadurch wird das Sonnenbild um etwa einen Scheibendurchmesser angehoben. Wenn also ihr unterer Rand die Horizontlinie berührt, ist sie tatsächlich bereits untergegangen beziehungsweise noch nicht aufgegangen. Durch diesen Effekt steht die Sonne etwa zehn Minuten länger am Himmel, als dies ohne Atmosphäre der Fall wäre. Daher findet die *beobachtete* Tagundnachtgleiche etwa drei Tage vor dem Frühlingsanfang und etwa drei Tage nach dem Herbstanfang statt. Die Erdatmosphäre sorgt schließlich auch dafür, daß es zwischen Tag und Nacht eine Dämmerungszone gibt. Weil die Atmosphäre das Sonnenlicht streut, wird es allmählich Tag beziehungsweise Nacht. Auf dem Mond sind die Verhältnisse dagegen ganz anders. Wenn die Sonne vom tintenschwarzen, sternklaren Mondhimmel verschwindet, bricht schlagartig die Nacht herein. Diese Phänomene sind jedoch rein atmosphärenoptischer Natur und haben nichts mit der oben erwähnten Reisezeit des Lichtes zu tun.

Energieproduktion der Sonne

Lange Zeit rätselte man über den Mechanismus, der die gewaltige Energieabstrahlung der Sonne aufrechterhält. Bestünde der Sonnenball aus Kohle, so wäre er nach einigen tausend Jahren bereits verbrannt. Erst mit dem Verständnis des Mikrokosmos der Atome wurde auch das Geheimnis der Energieproduktion unseres Muttersterns gelüftet.

Unsere Sonne bildete sich vor rund 5 Milliarden Jahren unter ihrer eigenen Schwerkraft aus einer Gaswolke, die vor allem aus dem

leichtesten Element Wasserstoff bestand. Die gewaltige Masse der
Sonne von 330 000 Erdmassen erzeugt im Sonneninneren Druck- und
Temperaturverhältnisse, die zu Kernreaktionen führen, der Energie-
quelle unseres Muttergestirns. Innerhalb einer zentralen Kugel von
einem viertel Sonnenradius ist die halbe Sonnenmasse konzentriert,
und es wird 99 Prozent der Energie erzeugt.

Im Sonneninneren findet eine Kernfusion statt, bei der pro Sekunde 700 Millionen Tonnen Wasserstoffkerne bei der unvorstellbar
hohen Temperatur von 15 Millionen Grad und einem Druck von bis
zu 100 Milliarden Atmosphären zu Heliumkernen verschmolzen werden. Die Temperatur an der Sonnenoberfläche beträgt jedoch «nur»
5500 Grad, die Temperatur in den Sonnenflecken liegt sogar nur zwischen 3500 und 4000 Grad. Heute besteht die Sonne zu 76 Prozent
aus Wasserstoff und zu 22 Prozent aus Helium. Die restlichen zwei
Prozent verteilen sich auf Sauerstoff (0,8 Prozent), Kohlenstoff
(0,3 Prozent) und 0,9 Prozent auf andere Elemente.

Seit rund 5 Milliarden Jahren erzeugt die Sonne auf diese Weise
in ihrem Inneren Energie. Dabei wandelt sie pro Sekunde 4 Millionen
Tonnen Materie in reine Energie um, das heißt, sie verliert pro Sekunde 4 Millionen Tonnen an Masse. Trotzdem wird sie voraussichtlich
noch etwa weitere 5 Milliarden Jahre lang scheinen.

Die Entwicklungsstadien der Sonne und anderer Sterne

Die Sonne befindet sich gegenwärtig ziemlich genau in der Mitte ihres Lebens. Für die «nächste Zukunft» – einige 100 Millionen Jahre –
wird sie mit der gleichen Konstanz strahlen wie heute. Danach wird
ihre Leuchtkraft langsam zunehmen, und sie wird sich aufblähen, bis
sie etwa eineinhalbmal so groß ist wie heute und etwa doppelt so
hell. Auf der Erde wird es währenddessen unerträglich heiß werden
mit der Folge, daß die Polkappen abschmelzen und das Land sich in
Wüsten verwandelt. In rund 5 Milliarden Jahren schließlich wird der
Wasserstoffvorrat im Inneren der Sonne verbrannt sein. Der Kern
schrumpft dann unter seiner eigenen Gravitation zusammen und
heizt sich auf, bis die Kernverschmelzungsprozesse in äußeren Bereichen einsetzen, wo noch Wasserstoff vorhanden ist. Dabei dehnt
sich die Sonne noch weiter aus, gleichzeitig kühlt ihre Oberfläche ab.
In diesem Stadium wird sie zu einem roten Riesenstern, der etwa
100mal heller ist als die heutige Sonne und der sich bis zur Merkur-

bahn ausdehnen wird. Auf unserer Erde wird dann ein «Backofenklima» herrschen, in dem die Ozeane verdampfen und die Erdoberfläche glühend heiß wird.

Nach einigen weiteren Millionen von Jahren schließlich wird die Temperatur im Heliumkern der roten Riesensonne auf rund 100 Millionen Grad ansteigen. Dann wird die Verschmelzung von Heliumatomen zu Kohlenstoff- und Sauerstoffatomen beginnen. Von diesem Zeitpunkt an sammelt sich im Zentrum der Sonne Kohlenstoff an. Im weiteren Verlauf schrumpft der Kern erneut, und die Heliumbrennzone wandert nach außen. Damit bläht sich der Rote Riese derart gigantisch auf, daß er die Erde verschlucken wird.

Schließlich stößt die Sonne in einem Zeitraum von etwa 100 000 Jahren ihre äußeren Schichten in den Weltraum ab. Diese Gaswolke expandiert als sogenannter planetarischer Ne-

Diese künstlerische Darstellung zeigt die Sonne und die Erde in ferner Zukunft. In etwa 5 Milliarden Jahren wird unsere Sonne zu einem Roten Riesen. Auf der Erde sind die Ozeane verdampft, und die Erdoberfläche wird glühend heiß.

bel immer weiter ins All, und im Zentrum bleibt ein heißer, lichtschwacher Stern zurück – es ist der freigelegte Kern der roten Riesensonne.

Nach weiteren Millionen von Jahren schrumpft dieser Stern langsam zu einem Weißen Zwerg. Wenn die Sonne dieses Stadium erreicht hat, besitzt sie etwa noch die halbe Masse der heutigen Sonne, ist jedoch nur noch etwa so groß wie unsere Erde. Den Rest der Materie hat sie im Riesenstadium in den Weltraum abgegeben.

Weiße Zwerge haben eine mittlere Dichte von etwa einer Tonne pro Kubikzentimeter. In ihnen finden keine Kernverschmelzungsprozesse mehr statt, so daß sie in einem Zeitraum von mehreren Milliarden Jahren langsam auskühlen.

Sterne mit bis zu vierfacher Sonnenmasse machen eine ähnliche Entwicklung durch wie die Sonne, allerdings viel schneller. Je massereicher ein Stern ist, um so kürzer ist seine Lebensdauer. Der Stern Sirius zum Beispiel erreicht mit etwa zwei Sonnenmassen nur ungefähr ein Zehntel des Alters unserer Sonne. Sehr massereiche Sterne existieren sogar «nur» einige Millionen Jahre, was nach kosmologischen Maßstäben sehr kurz ist.

So entdeckten Astronomen mit einem Blick des Hubble-Weltraumteleskops in das Herz unserer Milchstraße ein im wahrsten Sinne des Wortes gigantisches Sternexemplar. Hinter dichten Staubwolken spürten Infrarot-Kameras einen Stern auf, der mehr als die 10millionenfache Leistung der Sonne ausstrahlt. Sein Durchmesser ist derart groß, daß unsere Sonne mit der gesamten Erdumlaufbahn problemlos Platz darin fände. In gewaltigen Ausbrüchen schleudert dieser Stern Materie in den Weltraum, die sich zu einem Nebel mit der Form einer Pistole geformt hat. Dieses Objekt hat daher den Namen «Pistolenstern».

Sehr massereiche Sterne haben zwar eine kurze Lebensdauer – sie erfüllen jedoch eine ganz wichtige Funktion im Kosmos: Sie produzieren die schweren chemischen Elemente. Im Verlauf ihrer Entwicklung werden sie zu Roten Überriesen und im Kernbereich so heiß, daß die Kernverschmelzung weit über das «Heliumbrennen» von sonnenähnlichen Sternen hinausgeht. So entsteht eine Kettenreaktion, in der immer schwerere Elemente produziert werden. Nachdem der Stern Siliziumkerne zu Eisenkernen verschmolzen hat, endet die Energieproduktion, und der Kern stürzt in sich zusammen. Dabei stößt er seine äußeren Bereiche explosionsartig ab, was zu einem gigantischen kosmischen Feuerwerk von unvorstellbarem

Ausmaß führt – einer Supernova. Der Stern kann dabei die Leuchtkraft von Milliarden normaler Sonnen annehmen und soviel Materie in den Raum schleudern, wie sie für etliche Exemplare unseres Sonnensystems notwendig wäre. Für uns Beobachter auf der Erde wird der Stern plötzlich so hell, daß er seine ganze Galaxie überstrahlt, auch wenn er vorher für uns gänzlich unsichtbar war. Es scheint dann, als ob ein neuer Stern aus dem Nichts entstanden wäre. Deshalb bezeichnet man das plötzliche Aufleuchten eines sternähnlichen Objekts als Nova, ein ganz großes derartiges Ereignis sogar als Supernova.

Der Krebs-Nebel ist ein beeindruckendes Beispiel für den Überrest einer Supernova. Sie wurde am 4. Juli 1054 von chinesischen Astronomen entdeckt. Seit diesem Tag beobachteten die Chinesen einen neuen hellen Stern am Himmel, der scheinbar aus dem Nichts aufgetaucht war. Die Supernova war derart hell, daß sie drei Wochen lang sogar während des Tages sichtbar war. Seltsamerweise existieren keine europäischen oder arabischen Aufzeichnungen zu diesem Ereignis. Vielleicht wurde die Erscheinung dort schlichtweg ignoriert, da der Sternenhimmel als perfekte und daher unveränderliche Schöpfung Gottes angesehen wurde. Vielleicht war in dieser Zeitperiode aber auch einfach das Wetter sehr schlecht, so daß durch einen stark wolkenverhangenen Himmel diese Erscheinung tatsächlich nicht wahrgenommen wurde.

Ein halbes Jahrhundert später jedoch wurde das abendländische Weltbild durch ein ähnliches Ereignis entscheidend beeinflußt. Der 25jährige dänische Astronom Tycho Brahe beobachtete 1572 das Aufleuchten einer Supernova und kam nach sorgfältiger Recherche zu dem Schluß, daß sie weiter entfernt als der Mond, ja sogar als Saturn, der entfernteste der damals bekannten Planeten, sein mußte. Eine solche Vermutung aufzustellen bedeutete aber, die Autorität des Aristoteles in Frage zu stellen, da dieser das Reich der Sterne für ewig unveränderlich hielt.

Der Krebs-Nebel ist etwa 6500 Lichtjahre von uns entfernt und hat heute einen Durchmesser von rund 13 Lichtjahren. Die Reste dieser gewaltigen Explosion sind durch Teleskope immer noch sichtbar: ein kleiner blauer Stern inmitten einer gigantischen Gashülle, die sich immer noch mit einer Geschwindigkeit von 1500 Kilometer pro Sekunde ausdehnt. Der kleine Stern im Zentrum ist ein zusammengefallener Neutronenstern, die Endstufe in der Entwicklung vieler massereicher Sterne. Seine Dichte ist so groß, daß ein Löffel davon mehrere Millionen Tonnen wiegen würde. Der Stern rotiert 30mal in der Sekunde um seine eigene Achse und sendet dabei Pulse elektromagnetischer Strahlung in den Weltraum, weshalb man ihn auch als Pulsar bezeichnet.

Man nimmt heute an, daß Sterne, deren Kerne nach einer Supernova-Explosion noch mehr als etwa drei Sonnenmassen besitzen, über das Neutronensternstadium hinaus noch weiter kollabieren. Diese Objekte haben dann eine so extrem starke Gravitation, daß sie sogar ihr eigenes Licht verschlucken – man spricht daher von Schwarzen Löchern. Die in ihnen enthaltene Materie entzieht sich der direkten Beobachtung.

Glücklicherweise sind unsere Nachbarsterne normale Sonnen, die voraussichtlich noch lange nicht sterben. Für die Umgebung einer Supernova ist nämlich ein solches Ereignis eine absolute Katastrophe – ein Desaster im wahrsten Sinne des Wortes, denn dieses Wort kommt aus dem Lateinischen und bedeutet «ungünstige Erscheinung eines Sterns», was hier in der Tat zutrifft. Eventuell vorhandene Planeten des explodierenden Sterns verdampfen, und die Planeten anderer Sterne, die innerhalb einer Entfernung von einigen Lichtjahren liegen, werden von einer derart starken Strahlung überflutet, daß kein Leben mehr möglich ist. Auch zeitlich gesehen können Supernovae eine sehr weitreichende Wirkung haben. Ihre harte Strahlung kann auf Planeten, die Leben beherbergen, Veränderungen im genetischen Material verursachen und somit zu Mutationen führen.

Während einer Supernova-Explosion herrschen Bedingungen, unter denen auch schwerere Elemente als Eisen entstehen können. Dabei werden auch so «exotische» Atome wie Gold oder Uran produziert, die ja ebenfalls auf unserer Erde vorkommen. Mit dieser gigantischen Explosion werden die neu entstandenen Elemente in den Weltraum hinaus geschleudert, wo sie sich mit anderen Gaswolken wieder vermischen und später zum Aufbau von neuen Sonnen und Planeten «verwendet» werden. Alle Elemente, die auf unserem Planeten vorkommen, wurden in Sternen und Supernovae «ausgebrütet». Unsere menschlichen Körper bestehen buchstäblich aus verglühtem Sternenstaub – oder anders ausgedrückt: Unsere Körper sind transformierte Überreste längst vergangener Sonnen. Es ist ein faszinierender Gedanke, daß wir Menschen, dieses Buch mit seinen Fotografien, ja selbst die Teleskope, mit denen wir die Sterne beobachten, und letztlich das gesamte Baumaterial der Erde aus vergangenem Sternmaterial bestehen. Wir sind im Wortsinne «Kinder des Weltalls»!

Hier wird die faszinierende Intelligenz sichtbar, die im Universum offensichtlich ziemlich zielgerichtet auf das Leben «hinarbeitet». Aus Unmengen an Wasserstoff bildeten sich durch geringfügige Dichteschwankungen und dem Einfluß der Gravitation Galaxien und Sterne. Hätte sich der Wasserstoff völlig gleichmäßig verteilt, gäbe es uns heute nicht. Die «sehr großen Sonnen» verbrannten sehr schnell und lieferten dadurch die Bausteine, welche für einen weiteren Aufbau des Universums unbedingt notwendig waren. Nach einigen Sterngenerationen gab es im Weltall auch schwerere Elemente als Wasserstoff und Helium – unter anderem auch Kohlenstoff und Silizium, die auf unserer Erde für die Entstehung des Lebens eine wichtige Rolle spielen. Schließlich braucht es gelbe, kleine Sonnen wie die unsrige, die eine genügend lange Lebensdauer haben und ein Planetensystem besitzen. In diesem Planetensystem muß es zudem einen Planeten mit dem «richtigen» Abstand von der Muttersonne geben. Er darf nicht zu nahe oder zu weit von dieser entfernt sein. Außerdem muß er die richtige Atmosphärendichte und -zusammensetzung haben, weil sonst entweder ein Backofenklima wie auf der Venus oder eine ewige Eiszeit wie auf dem Mars herrschen könnten. Vorteilhaft für die Entstehung von Leben ist ferner ein ausreichend starkes Magnetfeld des Planeten, das den Sonnenwind abschirmen kann. Unter diesen Voraussetzungen können die uns heute bekannten Lebensformen entstehen, falls zudem noch genügend Wasser in geeigneter Form (flüssige Ozeane) vorhanden ist. Bei genauerer Betrachtung müssen allerdings noch weitere Bedingungen erfüllt sein, deren Darstellung den Rahmen dieses Buches jedoch sprengen würde.

Alles bloß Zufall? Rein statistisch betrachtet sind die 13 Milliarden Jahre, die der Kosmos bisher besteht, für eine völlig zufällige Entstehung des Lebens viel zu kurz. Mit anderen Worten: Das hoch entwickelte Leben entstand praktisch in der kürzest möglichen Zeit.

Die Frage nach dem «Warum» sprengt das menschliche Denkvermögen. Wir können diese Kraft Gott, höhere Intelligenz, Schöpfer oder wie auch immer nennen – für menschliche Begriffe wird die Entstehung des Lebens im Universum das faszinierendste Wunder bleiben, das je stattgefunden hat!

Energietransport und Aufbau der Sonne

Im Sonneninneren wird die Energie sehr langsam durch Strahlung übertragen. Erst etwa 100 000 Kilometer unter der Oberfläche setzen Konvektionsströmungen ein, die die heißen Gasmassen nach außen transportieren. Der Energietransport vom Sonnenkern nach außen dauert etwa 10 000 bis 20 000 Jahre.

Die Konvektionszellen sind auf der Sonnenoberfläche sichtbar – es sind die Granulen, die einen Durchmesser von rund 1000 Kilometer haben. Die gesamte Sonnenoberfläche ist von diesen Gebilden überzogen, was ihr eine körnige Struktur verleiht, die man Granulation nennt. Mit den Granulen sehen wir also das Brodeln der Sonnenoberfläche. Gigantische, glühende Gasblasen steigen empor und lösen sich nach wenigen Minuten wieder auf, worauf die nächste Blase folgt. Somit ändert sich dieses gesprenkelte Muster der Sonnenoberfläche schon nach wenigen Minuten.

Die Atmosphäre der Sonne besteht aus drei Schichten: der Photosphäre (Lichtkugel), der Chromosphäre (Farbkugel) und der Korona (Strahlenkranz um die Sonne). Die sichtbare Oberfläche, von der der weitaus größte Teil des Sonnenlichtes emittiert wird, bildet die rund 300 Kilometer dicke Photosphäre. Über dieser Schicht liegt die bis zu 8000 Kilometer dicke Chromosphäre. Diese wird während einer totalen Sonnenfinsternis als rosafarbener Saum um den schwarzen Neumond sichtbar. Bei erhöhter Sonnenaktivität bilden sich hier, vor allem in der Umgebung von Sonnenflecken helle Fackeln, die man auch «Flocculi» nennt.

Oberhalb von 1500 Kilometer Höhe über der Photosphäre weist die Chromosphäre schmale, helle Feuerzungen auf, die sogenannten «Spikulen». Wie sich im Wind bewegende Gräser bedecken diese Flammenzungen, die eine Lebensdauer von etwa 15 Minuten haben, die Sonnenoberfläche. Diese Gasausbrüche entwickeln sich aus einer Basis von etwa 500 Kilometer Durchmesser und schießen mit einer Geschwindigkeit von 20 bis 30 Kilometer pro Sekunde rund 10 000 Kilometer über die Sonnenoberfläche hinaus.

Über der Chromosphäre steigen außerdem leuchtende Wolken und Bögen in die Höhe, die «Protuberanzen». Es handelt sich dabei um gigantische, glühende Plasmawolken, die sich in riesigen Bögen entlang der Magnetfeldlinien der Sonne erstrecken. Mit etwas Glück kann man sie während einer totalen Sonnenfinsternis am Rande der abgedunkelten Sonne sehen. Spezielle Teleskope, mit denen das grel-

Diese Darstellung des Autors zeigt einen Blick auf die
Sonnenoberfläche. Die Sonnenflecken heben sich als
dunkle Gebiete ab, da sie etwa 2000 Grad kälter sind
als die umgebende Sonnenoberfläche. Über den
Sonnenball wölben sich riesige Bögen aus glühenden
Plasmamassen – die Protuberanzen. Die Sonnenober-
fläche hat eine körnige Struktur, ähnlich wie eine
Orange. Diese Granulation ist als gesprenkeltes Muster
sichtbar. Am Sonnenrand erkennt man einen wogenden
Wald von Feuerzungen, die Spikulen. Der gesamte
Sonnenball wird schließlich von der Korona umgeben.

le Sonnenlicht abgedeckt wird, ermöglichen es den Astronomen ebenfalls, die Protuberanzen zu beobachten. Mit entsprechenden Sonnenfiltern erscheinen sie vor der Sonnenscheibe als dunkle, fadenähnliche Strukturen, die man als «Filamente» bezeichnet.

Die Korona schließlich ist die äußere Hülle des gesamten Sonnenballs. Diese extrem dünne und sehr heiße Plasmahülle erstreckt sich mehrere Millionen Kilometer in den Weltraum. In der Korona herrschen Temperaturen von bis zu 2 Millionen Grad. Sie erscheint während einer totalen Sonnenfinsternis als strahlenartiger Kranz aus Licht und ist die Quelle des Sonnenwindes, eines Stromes aus elektrisch geladenen Teilchen. Der Sonnenwind hat eine mittlere Geschwindigkeit von 500 Kilometer pro Sekunde. Beim Auftreten von größeren Sonneneruptionen (Flares) kann sie bis auf etwa 2000 Kilometer pro Sekunde ansteigen.

Die Rotation der Sonne und die Sonnenflecken

Unsere Sonne dreht sich nicht wie ein Planet mit fester Oberfläche in einem bestimmten Zeitraum um ihre eigene Achse, sondern sie rotiert in verschiedenen Breitengraden unterschiedlich schnell. Die Astronomen nennen dieses Phänomen «differentielle Rotation». So dreht sich die Äquatorregion der Sonne in 25 Tagen einmal um die eigene Achse. Die mittleren Breiten jedoch brauchen für eine Umdrehung bereits 27,5 Tage, und in Polnähe dauert eine Rotation sogar rund 36 Tage. Zudem ist die Rotation der Sonne je nach Tiefe verschieden.

Diese differentielle Rotation wurde durch die Beobachtung von Sonnenflecken in unterschiedlichen Breiten entdeckt. Sonnenflecken sind das auffälligste Merkmal der Sonnenaktivität, die im Durchschnitt alle 11 Jahre ein Maximum erreicht. Bei erhöhter Sonnenaktivität entstehen viele Sonnenflecken, und auf der Erde kann man ein häufigeres und stärkeres Vorkommen von Polarlichtern beobachten.

Sonnenflecken treten paarweise auf, wobei der eine Fleck eine positive, der andere eine negative magnetische Polarität aufweist, ähnlich wie die Pole eines Hufeisenmagneten. Da sie eine um etwa 2000 Grad tiefere Oberflächentemperatur haben als die umgebende Sonnenoberfläche, erscheinen sie dem Beobachter als dunkle Flekken. Sie haben einen typischen Durchmesser von etwa 20 000 Kilometern. Größere Fleckengruppen können sich über hunderttausend

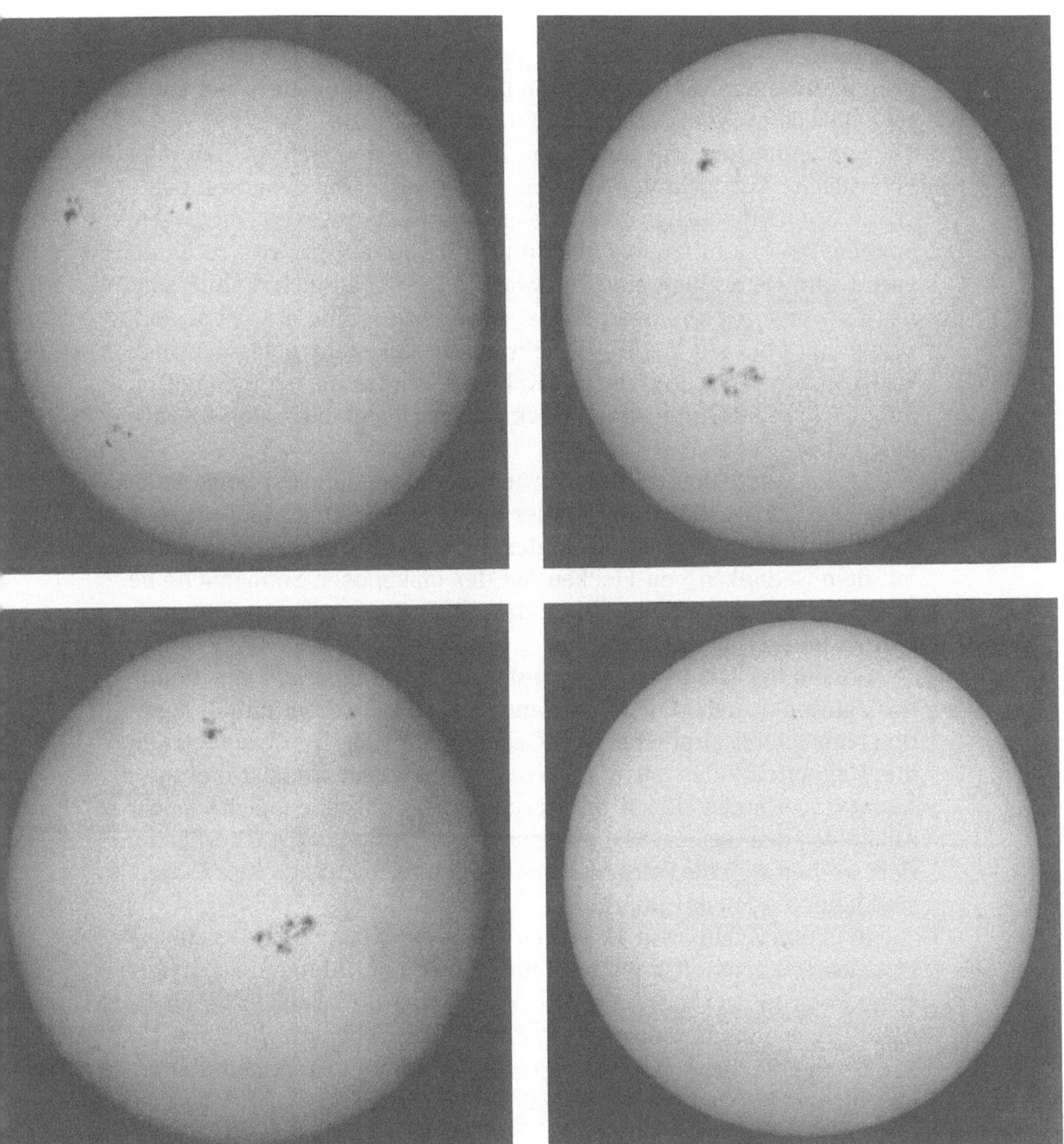

Diese Fotoserie zeigt die Sonne mit verschiedenen Fleckengruppen über einen Zeitraum von einer Woche. Anhand der Sonnenflecken ist die Rotation gut zu erkennen. Auf dem letzten Foto ist die Sonne eine Woche nach der ersten Bildserie zu sehen. Jetzt wendet sie dem Betrachter die weniger aktive Seite mit deutlich weniger Sonnenflecken zu.

und mehr Kilometer erstrecken. Im April 1947 wurde eine Riesen-gruppe mit einer Ausdehnung von fast 300 000 Kilometern beobachtet – dies ist mehr als drei Viertel der Strecke Erde–Mond!

Sonnenflecken wurden schon sehr früh beobachtet. Eine alte chinesische Aufzeichnung aus dem Jahre 188 n. Chr. beschreibt eine große Sonnenfleckengruppe, die mit bloßem Auge bei niedrigem Sonnenstand sichtbar war, wie folgt: «Die Sonne war von rötlicher Farbe, und sie enthielt einen schwarzen Dampf ähnlich einer Elster, der sich erst nach einigen Monaten auflöste.» Eine arabische Aufzeichnung von 840 n. Chr. berichtet: «Im 225. Jahr nach der Hedschra, in der Regierungszeit des Kalifen al-Mu'tasim, erschien mitten auf der Sonne ein schwarzer Fleck [...] der Fleck hielt sich 91 Tage lang auf der Sonne.»

In der westlichen Kultur wurden die Sonnenflecken lange ignoriert. Die Kirche, die im Mittelalter ein Weltbild strikt ablehnte, das die Sonne und nicht die Erde in den Mittelpunkt stellte, konnte sich mit dem Gedanken von Flecken auf der makellosen Sonnenscheibe ohnehin nicht anfreunden. Nach damaliger Ansicht hatte die Sonne perfekt und «rein» zu sein.

Sonnenflecken treten dort auf, wo das Magnetfeld der Sonne nach außen dringt. Man nimmt heute an, daß die differentielle Rotation eine Schlüsselrolle bei dem Geschehen spielt. Durch sie werden die Magnetfeldlinien zu «Stricken» aufgewickelt, die parallel zum Äquator verlaufen. Lokal verstärkte Auftriebskräfte bewirken ein Aufsteigen des Gases und damit der Magnetfelder an die Oberfläche. Dort wölben sich die Feldlinien schließlich nach außen. Viele Details sind jedoch noch ungeklärt.

In einem Zyklus von 11 Jahren steigt das Magnetfeld der Sonne stark an und bricht danach zusammen. Nach der Abnahme, kehrt es seine Polarität um und baut sich wieder auf. So läßt sich erklären, daß in zwei aufeinanderfolgenden Zyklen die magnetische Polarität der Sonnenfleckenpaare vertauscht ist. Genaugenommen dauert also ein ganzer Sonnenfleckenzyklus 22 Jahre.

Sonneneruptionen

Je nach Sonnenaktivität können in komplexen aktiven Gebieten lokal begrenzte Explosionen auftreten – die Flares. Diese Sonneneruptionen finden statt, wenn in solchen Gebieten schlagartig magnetische

Energie in thermische Energie umgewandelt und freigesetzt wird. Die während dieser Ausbrüche emittierte energiereiche Korpuskularstrahlung verstärkt den Sonnenwind, daher treten wenige Tage nach der Eruption oftmals intensive Polarlichter auf.

Beim Ansturm der energiereichen Teilchen (vor allem Elektronen und Protonen) auf die Erde können zum Beispiel elektrische Ströme in Überlandleitungen oder Öl-Pipelines erzeugt werden. Außerdem kann es zu Unterbrechungen in der Stromversorgung, dem Zusammenbruch des Telefonnetzes sowie zu Korrosionsschäden an den Rohren von Pipelines kommen. In der Nacht zum 13. März 1989 nahm die Häufigkeit und Stärke der Polarlichter nach einer großen Sonneneruption sehr stark zu. Der von der Sonne hereinprasselnde Teilchenschauer verursachte in der kanadischen Provinz Quebec eine mehrstündige Unterbrechung der Elektrizitätsversorgung (siehe auch Kapitel 3).

Die Entwicklung des Planeten Erde

Paradoxerweise wissen wir über die Urzeit des Mondes fast besser Bescheid als über die unserer Erde. Auf dem Mond blieben die Spuren seiner Entwicklung erhalten, während diese auf der Erdkugel durch Verwitterung fast gänzlich verwischt worden sind. Die ältesten datierten Gesteine der Erde sind etwa 4,5 Milliarden Jahre alt. Zu dieser Zeit sah es auf unserem Planeten ganz anders aus als heute. Der Tag war damals kaum zwölf Stunden lang und die Atmosphäre hatte, abgesehen vom Stickstoff, eine völlig andere Zusammensetzung. Flüssiges Wasser existierte damals nur an wenigen Orten. Durch den Vulkanismus begann sich die Atmosphäre zunehmend zu verändern, daher wurden immer mehr Sonnenlicht und Wärme absorbiert. Dies führte zu einem Anstieg der globalen Durchschnittstemperatur und damit zu einer Ausdehnung der Wasserflächen. Die Landmassen bestanden aus einem einzigen riesigen Urkontinent, der sich erst später in verschiedene kleinere Kontinente aufspaltete.

Die Entstehung der Ozeane leitete eine entscheidende weitere Entwicklung auf unserer Erde ein. Das Wasser ermöglichte die chemische Reaktion der Silikatverbindungen auf der Erdoberfläche mit dem Kohlendioxid in der Atmosphäre zu Kalkstein – diese Entwicklung gab es auf den Planeten Venus und Mars nicht. Dadurch wurde der Atmosphärengehalt an Kohlendioxid, dem bis dahin häufigsten

Gas, kontinuierlich verringert, so daß schließlich Stickstoff den ersten Platz einnahm. So entstanden auf der Erde kilometerdicke Kalksteinablagerungen, die auf dem Mond nicht einmal als Spuren vorhanden sind. Dabei verringerte sich die Dichte der Erdatmosphäre etwa in demselben Masse, wie sie sich durch vulkanische Aktivitäten wieder verdichtete. Durch diese Prozesse wurde der reaktionsträge Stickstoff so lange angehäuft, bis er schließlich den Hauptanteil der Atmosphäre ausmachte. Dieser liegt heute bei 78 Prozent.

Die Entwicklung wäre ganz anders verlaufen, wenn wesentlich weniger Wasser vorhanden gewesen wäre und wenn sich das Kohlendioxid immer weiter angehäuft hätte, wie dies zum Beispiel auf dem Planeten Venus der Fall war. Dieser Planet hat eine so dichte Atmosphäre, daß der Druck am Boden etwa 90mal größer ist als der auf der Erde. Die Atmosphäre der Venus besteht fast ausschließlich aus Kohlendioxid, wodurch ein starker Treibhauseffekt hervorgerufen wird. Die dichte Atmosphäre sowie geologische Aktivitäten führen zu einer Temperatur, wie sie von keinem Backofen erreicht wird – nämlich 480 Grad! Die Venus ist ständig von dichten Wolken verhüllt, so daß nur wenig Sonnenlicht bis zu ihrer Oberfläche vordringt.

Die bedeutendste und zugleich unbegreiflichste Konsequenz aus dem Vorhandensein von Wasser auf unserem Planeten war die Entwicklung des Lebens. Das Leben selbst, nämlich die Pflanzen, setzte bei der Photosynthese mit Hilfe des Sonnenlichtes aus Kohlendioxid und Wasser molekularen Sauerstoff frei. Dadurch wurde das Kohlendioxid so weit reduziert, daß es heute lediglich 0,036 Prozent der Erdatmosphäre ausmacht. Der Sauerstoffgehalt beträgt heute 21 Prozent.

Von ganz besonderer Bedeutung für die Entstehung des Lebens war also die Verringerung des Kohlendioxidgehaltes der Atmosphäre auf den heutigen niedrigen Wert. Dies vollzog sich in einer rund zwei Milliarden von Jahren dauernden komplexen Entwicklung, bis die Atmosphäre ihre heutige lebensfreundliche Zusammensetzung hatte. Nur so konnte es eine Evolution der Lebensformen geben, an deren Spitze bisher der Mensch steht. Daher mutet es wie eine Ironie des Schicksals an, daß gerade der Mensch durch seine Aktivitäten innerhalb kürzester Zeit soviel Kohlendioxid freisetzt, daß sich die Zusammensetzung der Atmosphäre zu seinen Ungunsten verändert und der globale Thermostat nach oben verstellt wird. Der vom Menschen verursachte Treibhauseffekt könnte vor allem für den Menschen selbst zu einem großen Problem werden.

Der Mond

Der mittlere Abstand des Mondes von der Erde beträgt 384 400 Kilometer. Er hat einen Durchmesser von rund 3480 Kilometer – dies ist mehr als ein Viertel des Erddurchmessers (12 742 Kilometer). Sein Volumen beträgt etwa 1/49 des Erdvolumens – die Mondoberfläche selbst würde also nur etwa 1/14 der Erdoberfläche bedecken. Obwohl der Mond viel kleiner ist als die Erde, ist er als Mond im Verhältnis zu unserem Planeten ungewöhnlich groß. Er ist fast so groß wie der innerste Planet Merkur (4880 Kilometer Durchmesser). Der größte Jupitermond «Ganymed» hat einen Durchmesser von rund 5000 Kilometern, ist aber im Vergleich zum Jupiterdurchmesser etwa 27mal kleiner. Beim größten Saturnmond «Titan» beträgt das Verhältnis des Monddurchmessers zu dem des Planeten 1 zu 23. Wenn man einmal von Pluto und seinem Mond Charon absieht, die in vielerlei Hinsicht eine Sonderstellung in unserem Planetensystem einnehmen, ist unser Erdmond in bezug auf die Größe des umkreisten Planeten etwas Besonderes. Vom Weltraum aus betrachtet kann man das System Erde–Mond als Doppelplaneten ansehen.

Am 20. Juli 1969 landeten die beiden Astronauten Neil Armstrong und Edwin Aldrin als erste Menschen auf dem Erdtrabanten. Mit den ersten Schritten dieser Männer ging ein Satz um die Welt: «Dies ist nur ein kleiner Schritt für einen Menschen, aber ein großer Schritt für die Menschheit.» Obwohl die Raumfahrt in den letzten Jahrzehnten gewaltige Fortschritte gemacht hat, wurde bis heute noch kein anderer außerirdischer Himmelskörper von Menschen betreten. Die Astronauten brachten von den Apollo-Missionen rund 400 Kilogramm Mondgestein zur Erde, das genauestens untersucht wurde. Auf diese Weise konnten einige Geheimnisse unseres Trabanten gelüftet werden.

Geschichte und Beschaffenheit

Man nimmt heute an, daß sich Erde, Mond und die anderen Körper unseres Sonnensystems vor rund 4,8 Milliarden Jahren gebildet haben. Der Erdmond entstand wahrscheinlich aus Material, das zuvor ein etwa marsgroßer Brocken bei einem Zusammenstoß mit der Erde herausgeschleudert hatte. In seiner Entstehungszeit war der Mond sehr viel näher bei der Erde als heute – wahrscheinlich nur etwa

30 000 Kilometer entfernt. Nach der Abkühlung war seine Oberfläche einem heftigen Bombardement durch Meteoriten ausgesetzt. Infolge der fehlenden Atmosphäre konnten sie ungehindert auf die Mondoberfläche aufprallen und zum Teil riesige Krater erzeugen. So entstand die kraterübersäte Mondlandschaft. Die meisten Mondkrater sind über 3 Milliarden Jahre alt, nur wenige jünger als eine Milliarde Jahre. Der Grund dafür liegt darin, daß die Häufigkeit von Meteoriteneinschlägen heute viel kleiner ist als zur Zeit der Entstehung des Mondes. Die Datierung von Mondmaterial hat gezeigt, daß in den letzten paar Millionen Jahren nur noch kleine Krater neu entstanden sind.

Während die äußeren Schichten weiter abkühlten, wurde das tiefe Innere durch den Zerfall radioaktiver Elemente aufgeheizt. Dabei drang geschmolzener Basalt an die Oberfläche und füllte die tiefen Krater auf. Der Mantel des Mondes wurde teilweise aufgeschmolzen, und die Bestandteile ordneten sich gemäß ihrer Dichte in verschiedenen Schichten an – ähnliche Prozesse liefen auch bei der Entstehung der Erde ab.

Das heftige Bombardement durch «kosmische Trümmer» ist unserem Planeten im wesentlichen erspart geblieben. Solche Trümmer, die auf die Erde stürzen, verglühen in der Regel in der Atmosphäre. Hin und wieder schlugen sie in der Vergangenheit aber auch auf die Erdoberfläche auf, wo sie dann ebenfalls Krater hinterließen. Ein besonders schönes Exemplar, das auch heute noch gut sichtbar ist, befindet sich in Arizona.

Der Mond ist seismisch extrem ruhig. Die Gesamtenergie, die bei Mondbeben freigesetzt wird, erreicht nur etwa ein Milliardstel des entsprechenden irdischen Wertes.

Auf dem Mond existieren eine ganze Reihe von bekannten Silizium-, Kalzium-, Magnesium- und Eisenverbindungen. Trotzdem unterscheiden sich die Vorkommen grundsätzlich von den irdischen. So findet sich zum Beispiel das Metall Titan häufiger als auf der Erde, dafür fehlen Kohlenstoff und Wasser fast vollständig. Die fehlende Atmosphäre und ein tausendmal schwächeres Magnetfeld sorgen zudem für völlig andere Verhältnisse.

Innere und äußere Planeten

Abgesehen von Pluto, dem äußersten Planeten und Exoten unter den Trabanten der Sonne, besteht das äußere Planetensystem jenseits des Asteroidengürtels zwischen Mars- und Jupiterbahn aus vier Welten, die sich klar von den vier inneren Planeten Merkur, Venus, Erde und Mars unterscheiden. Die inneren Planeten sind alle relativ klein (im Vergleich zur Größe der Erde), und ihre Dichten sind ziemlich ähnlich. Zudem sind ihre Oberflächen fest. Ganz anders sieht die Situation bei Jupiter, Saturn, Uranus und Neptun aus. Neptun, der kleinste der vier Riesen, besitzt «nur» den vierfachen Erddurchmesser, während man bei Jupiter über 11 Erdkugeln aneinanderreihen müßte, um seinen Äquatordurchmesser (142 800 Kilometer) zu erreichen. Seine enorme Größe und seine ungewöhnlich schnelle Rotation in nur 9 Stunden und 50 Minuten führen zu einer sichtbaren Abplattung des Planeten. Sein Poldurchmesser ist deshalb um etwa 9000 Kilometer kleiner als der am Äquator. Die vier größten Planeten bestehen hauptsächlich aus leichten Elementen wie Wasserstoff und Helium und weisen demzufolge ganz andere Eigenschaften auf als die Erde. Ihre durchschnittliche Dichte ist nur wenig größer als die von Wasser, mit Ausnahme des Planeten Saturn, der im Durchschnitt leichter ist als Wasser. Alle vier Planeten haben ein Ringsystem, das aus unzähligen Trümmern von Gesteinsbrocken und Eis besteht.

Die Beschaffenheit der Planeten läßt folgende Rückschlüsse auf die Entstehung unseres Sonnensystems zu: Aus einer rotierenden Gasscheibe, in deren Zentrum sich die Ursonne befand, entstanden die Planeten. Durch die Schwerkraft der Sonne sammelte sich die schwerere Materie in der Nähe des Zentrums. Daraus bildeten sich die vier inneren festen Planeten, zu denen auch unsere Erde gehört. In den äußeren Regionen des Sonnensystems entstanden aus den leichteren Elementen die vier Gasriesen, die zwar pro Volumeneinheit leichter sind als die inneren Planeten, dank ihrer gigantischen Größe jedoch insgesamt schwerer. Deshalb üben sie auch alle eine größere Gravitationskraft auf ihre Umgebung aus als zum Beispiel die Erde und sind daher in der Lage, das leichteste Element – Wasserstoff – zu halten. Freier Wasserstoff in der irdischen Atmosphäre entweicht in den Weltraum, da er zu leicht ist, beziehungsweise die Erdgravitation zu schwach, um ihn zu halten. Wenn also die vier Gasriesen in der Lage sind, Wasserstoff an sich zu binden, so gilt dies erst recht für massivere Objekte wie Kometen und Asteroiden. Die Wahrscheinlichkeit, daß solche Körper mit einem sehr großen Planeten mit einer starken Gravitationskraft zusammenstoßen, ist sehr viel größer als die, mit einem kleinen

Planeten mit geringerer Gravitationskraft zu kollidieren. Wenn also ein Himmelskörper in das von Planeten bevölkerte Gebiet unseres Sonnensystems eindringt, so besteht durchaus eine gute Chance, daß er mit einem dieser vier äußeren Planeten zusammenstößt. Vielleicht haben sie die Erde daher schon einige Male vor einem solchen Ereignis bewahrt (s. auch Kap. 4).

Kapitel 3:
Das Zusammenspiel
von Sonne, Mond und Erde

Beeinflußt die Sonnenaktivität das Wetter?

Durch die veränderliche Sonnenaktivität variiert auch die Strahlung der Sonne ganz geringfügig. Der englische Astronom Walter Maunder beobachtete, daß im Zeitraum von 1645 bis 1715 praktisch keine Sonnenflecken und Polarlichter registriert wurden. Deshalb wird diese Zeitspanne als «Maunder-Minimum» bezeichnet. Während dieser Zeit war es auf unserem Planeten ungewöhnlich kalt. Die Gletscher rückten vor, die Flüsse in Europa froren fast jeden Winter zu, und im Sommerhalbjahr häuften sich die Mißernten. Tatsächlich haben Satellitenbeobachtungen gezeigt, daß die Energieabstrahlung der Sonne im Rhythmus des Sonnenfleckenzyklus schwankt – mit abnehmender Sonnenfleckenzahl nimmt auch die Sonnenleuchtkraft ein wenig ab, und mit zunehmender Sonnenfleckenzahl nimmt sie wieder zu. Die Leuchtkraft der Sonne reduzierte sich zwischen dem Sonnenfleckenmaximum von 1980 und dem Sonnenfleckenminimum von 1986 um etwa 0,1 Prozent. Berechnungen zeigen, daß dieser Rückgang zu einer Abnahme der globalen Temperatur um knapp 0,1 Grad führte.

Die Zunahme der Sonnenleuchtkraft bei maximaler Aktivität ist auf die Sonneneruptionen zurückzuführen. Die Frage, ob es einen Zusammenhang zwischen Sonnenaktivität und Wetter gibt, beschäftigt die Wissenschaftler schon lange. Allerdings sind viele Vermutungen und Spekulationen nicht bewiesen. Tatsache ist, daß im Maximum der Aktivität die Energieproduktion der Sonne um ein Tausendstel zunimmt. Dies mag vielleicht unbedeutend erscheinen, vor allem, wenn man bedenkt, daß die Erde nur den zweimilliardsten Teil der Sonnenstrahlung im Weltraum empfängt. Betrachtet man aber die Größe der Sonne, so erscheint das Geschehen in einem ganz anderen Licht. Unsere Sonne hat eine gigantische Größe, die unser Vorstellungsvermögen arg strapaziert. Ob wir ihren Durchmesser mit 1,4 Millionen Kilometern oder 109 Erddurchmessern angeben, die Größe bleibt unvorstellbar. Wie ein riesiger Fusionsreaktor wandelt sie pro Sekunde 5 Millionen Tonnen Wasserstoff in Energie um. Eine Sonneneruption, bei der Materie kurzfristig auf mehrere Millionen Grad aufgeheizt wird, kann Energien freisetzen, die im Extremfall der Zündung von 100 Millionen Wasserstoffbomben entsprechen. Bei solch gigantischen Energieumsätzen ist der Gedanke naheliegend, daß eine erhöhte Sonnenaktivität auch einen gewissen Einfluß auf unser Klima haben könnte.

In der oberen Atmosphäre sind die Einflüsse der erhöhten Sonnenaktivität klar festzustellen. So ist die UV- und Röntgenstrahlung oberhalb der Stratosphäre (also ab etwa 50 Kilometer Höhe) doppelt so intensiv wie im Durchschnitt, und in der Ionosphäre in etwa 200 Kilometer Höhe kann diese Strahlung im Aktivitätsmaximum sogar um das Hundertfache anwachsen!

Es ist jedoch schwierig, einen klaren Beweis für einen Einfluß der Sonnenaktivität auf das Wetter zu finden, da die oben genannten Vorgänge nicht bis in die Troposphäre, die eigentliche «Wetterschicht», reichen. Zudem gibt es noch viele andere Faktoren, die einen Einfluß auf das Erdklima haben. So dürfte der ständig ansteigende Gehalt an Kohlendioxid und der damit verbundene Treibhauseffekt eine noch größere Wirkung haben als die Schwankungen der Sonnenaktivität.

Polarlichter und Sonnenaktivität

Das Auftreten von Polarlichtern ist eng mit der Sonnenaktivität verknüpft. Während eines Aktivitätsmaximums treten auf der Erde oft magnetische Stürme auf, die den Funkverkehr spürbar beeinträchtigen können. Besonders starke Stürme werden häufig von Polarlichtern in höheren Breitengraden (in Europa zwischen 60° und 75°, in Kanada zwischen 50° und 65°) begleitet.

Polarlichter wurden schon sehr früh von Seefahrern beschrieben, die in hohe geografische Breiten segelten. Den Bewohnern der nordischen Länder waren sie schon immer bekannt. Sie lösten allerdings die unterschiedlichsten Gefühle aus, da man sich die Erscheinungen nicht erklären konnte. Im allgemeinen galten sie als Schrekkenszeichen für kommendes Unheil, denn man hielt die Lichter am Himmel für Drachen oder unheilbringende Boten, oder man war der Überzeugung, daß die Seelen der Verstorbenen in diesen Lichterscheinungen wieder sichtbar würden. Beim Auftreten der Polarlichter flohen die Menschen in ihre schützende Behausung, da sie Angst hatten, die Lichter würden vom Himmel herabkommen und sie verbrennen. Es gab jedoch auch Künstler, die durch die phantastische Erscheinung der Polarlichter inspiriert wurden, das Gesehene in einem Gedicht oder Gemälde festzuhalten.

Als der Polarforscher Robert Scott zum ersten Mal das Polarlicht sah, sagte er: «Es ist unmöglich, Zeuge eines solchen Phänomens zu sein, ohne dabei Ehrfurcht zu empfinden. Es wendet sich sogleich an die Phantasie, weil es eine spirituelle Quelle zu haben scheint.»

Polarlicht über Tromsø.

Frühere Theorien zur Entstehung der Polarlichter

Im Jahre 1716 entwickelte der englische Astronom Edmond Halley (1656–1742) eine Theorie, die das Nordlicht mit dem Erdmagnetfeld in Verbindung brachte. Jonas Angstrøm (1814–1874) führte eine Spektralanalyse der Polarlichter durch und kam zu dem Schluß, daß sie durch leuchtende Gase verursacht werden. Allerdings fand er nicht heraus, durch welche, da sich die gefundenen Spektrallinien nicht den ihm bekannten zuordnen ließen. Kristian Birkeland (1867–1917) schlug vor, daß das Nordlicht das Resultat einer Wechselwirkung von geladenen Partikeln solaren Ursprungs und des Erdmagnetfeldes sei. Diese Theorie wurde durch die Tatsache unterstützt, daß bei größerer Sonnenaktivität die Intensität und Häufigkeit der Polarlichter auffällig zunahm.

Außer den genannten gab es noch viele weitere Theorien: Eiskristalle, die das Sonnenlicht reflektieren, elektrische Ladungen zwischen Himmel und Erde oder Energien der Mitternachtssonne, die, auf irgendeine Art gespeichert, erst im Winter wieder frei wurden, gehörten dazu.

Heutiges Modell

Die moderne Erforschung des Mikrokosmos leistete einen bedeutenden Beitrag zum Verständnis der Polarlichter. Erst mit dem Wissen um die kleinsten Bausteine der Materie wurde es möglich, die komplizierte Wechselwirkung zwischen Sonnenwind und Erdmagnetfeld zu verstehen. Eine vereinfachte Version der heutigen Polarlichttheorie sieht wie folgt aus:

Der von der Sonne kontinuierlich ausgehende Sonnenwind besteht im wesentlichen aus Elektronen, Wasserstoff- und Heliumkernen, die mit einer Geschwindigkeit von 300 Kilometer pro Sekunde in den Weltraum schießen (langsame Teilchen 300km/sec, schnelle Teilchen 800km/sec). Bei dieser Geschwindigkeit dauert es ungefähr eine Woche, bis die Teilchen die Erde erreichen. Dort, wo der Sonnenwind auf das Erdmagnetfeld trifft, bildet sich eine Schockfront aus, und dahinter entsteht eine turbulente Übergangsschicht. Einigen Teilchen gelingt es, diese turbulente Schicht zu durchqueren und in die Magnetosphäre, also in den eigentlichen Wirkungsbereich des Erdmagnetfeldes, einzudringen. In der sogenannten Plasmaschicht sammeln sie

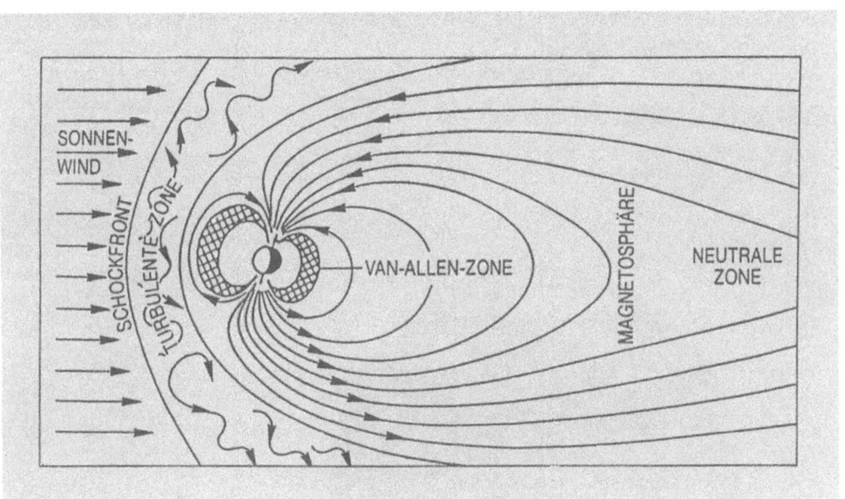

sich an und werden für längere Zeit in einer Art «magnetischer Flasche» festgehalten. Diese

Entstehung der Polarlichter (Quelle: Brekke/Egeland, The Northern Light, 1983, Springer Verlag, Heidelberg).

Zone liegt im sonnenabgewandten Teil des Erdmagnetfeldes. Die Teilchen, die so in die Magnetosphäre gelangen, werden ähnlich wie in einem Teilchenbeschleuniger beschleunigt und tauchen schließlich in der Nähe der magnetischen Pole, die sich allerdings nicht exakt an den geografischen Polen befinden, in die Atmosphäre ein. Sobald sie auf die Atmosphärenteilchen treffen, werden vor allem die Stickstoff- und Sauerstoffteilchen angeregt, zerlegt und ionisiert. Durch diesen Prozeß werden also die Elektronen der atmosphärischen Gase auf ein höheres Energieniveau angehoben. Beim Zurückfallen auf einen stabileren Energiezustand senden die Gase entsprechend ihrer Beschaffenheit Lichtquanten aus – sie beginnen zu leuchten wie in einer Leuchtstoffröhre. Diese Leuchterscheinungen sieht der Beobachter als Polarlichter. Man nennt sie in der Nordhemisphäre auch Nordlicht oder «Aurora Borealis» und entsprechend in der Südhemisphäre Südlicht oder «Aurora Australis» (vgl. die Grafik oben). Die Energie, die bei diesem Prozeß umgesetzt wird, entspricht der Leistung von etwa 100 Kernkraftwerken. Davon wird rund die Hälfte in Licht, die andere Hälfte in Wärme umgewandelt.

Die meisten Polarlichter bilden sich in einer Höhe von 100 bis 120 Kilometern. Dort hat die Atmosphäre die nötige Dichte, um die Solarpartikel abzubremsen.

Totale Sonnenfinsternis vom 22. 11. 1984 in Neu Guinea. Diese Sonnenfinsternis zeigt die Korona vor einem Sonnenfleckenminimum, während die Sonnenfinsternis rechts nach einem Sonnenfleckenmaximum eine andere Korona aufweist.

Totale Sonnenfinsternis vom 11. 7. 1991 in Mexiko. Das Bild wurde aus zwei Bildern zusammengesetzt und der Kontrast herabgesetzt, damit die Struktur der Korona sehr deutlich zum Vorschein kommt.

Die Grafik zeigt den Sonnenfleckenzyklus über rund 300
Jahre. Man sieht deutlich, daß
die Sonne im Durchschnitt alle
11 Jahre ihre maximale Aktivität erreicht (© Rudolf Wolf
Gesellschaft, Zürich).

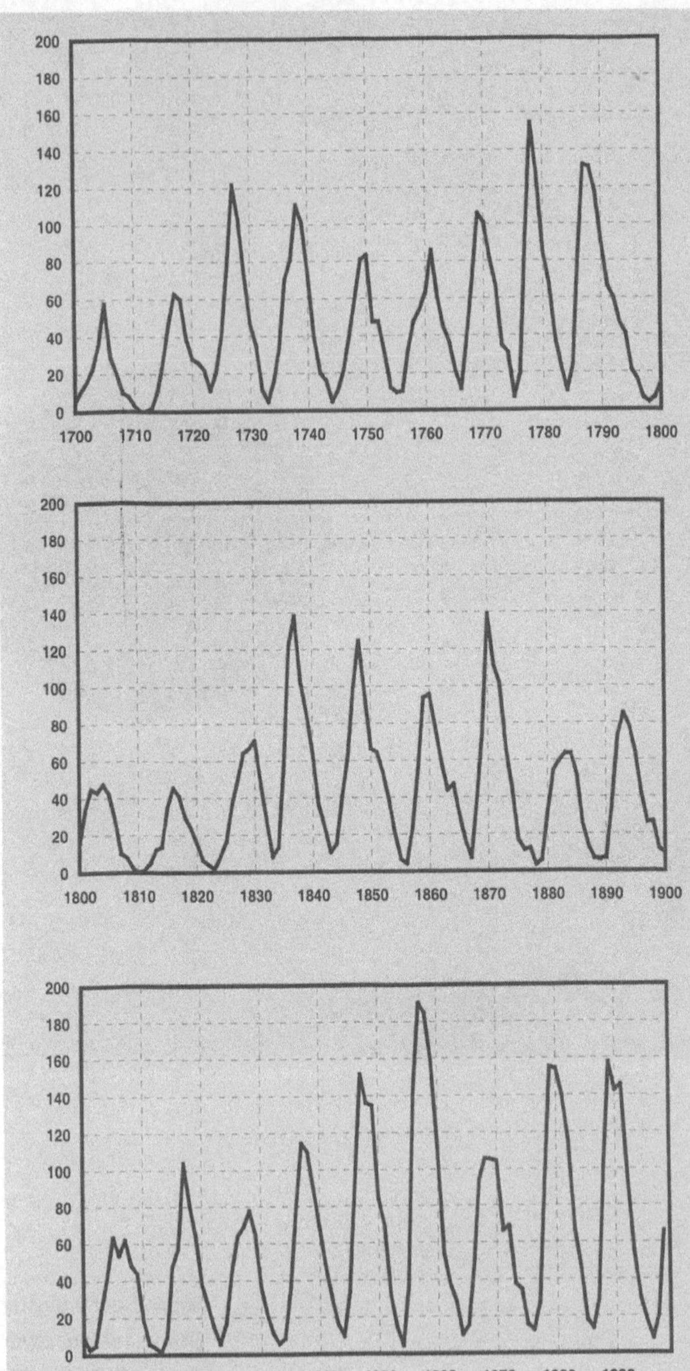

Kapitel 3

In einer Höhe von 60 bis 1000 Kilometern befindet sich die Ionosphäre. Dort liegt ein gewisser Anteil der Atome und Moleküle in Form von elektrisch geladenen Ionen und Elektronen vor. Diese Atmosphärenschicht hat die Eigenschaft, Radiowellen zu reflektieren und zur Erde zurückzusenden. Die obere Ionosphäre ermöglicht die Ausbreitung von Kurzwellen (10 bis 100 Meter Wellenlänge) auf der Erde. Durch mehrfache Reflexion an Ionosphäre und Erdoberfläche breiten sich die Kurzwellen über sehr weite Strecken aus. Die Leitfähigkeit der Ionosphäre ist stark an Sonnenstand und -aktivität gebunden. Bei erhöhter Sonnenaktivität, also dann, wenn auch viele Polarlichter am Himmel flackern, kann der irdische Funkverkehr spürbar beeinträchtigt werden.

1938 – Spektakuläre Nordlichter in niederen Breiten

Wenn die Sonnenaktivität ihr Maximum erreicht, können Polarlichter auch in niederen Breiten gesehen werden. So wurden am 25. Januar 1938 und am 22. Januar 1957 Nordlichter auch in der Schweiz beobachtet. Besonders spektakulär war das Ereignis von 1938. Ein intensives rotes Nordlicht leuchtete am nächtlichen Himmel so stark, daß viele Feuerwehrleute in die umliegenden Gemeinden ausrückten, um einen vermeintlichen Großbrand zu löschen.

Das intensive Nordlicht war in ganz Europa und sogar bis nach Algerien zu beobachten. Allerdings variierte die Dauer der Erscheinung an verschiedenen Orten ganz beträchtlich. Normalerweise ist das Auftreten von Nordlichtern auf hohe Breitengrade beschränkt. Das Ereignis von 1938 ist eine recht seltene Erscheinung, wie sie im Schnitt einmal in zwanzig Jahren vorkommt.

Im Berner Oberland wurde vermutet, es brenne in Bern. In der Stadt selbst glaubte man auch, daß die Himmelsröte auf einen Brand zurückzuführen sei. Ein Beobachter beschrieb das Schauspiel folgendermaßen:

«Am Dienstagabend gegen neun Uhr lagerte über der Stadt Bern am sonst klaren Nachthimmel ein durchsichtiger Nebel, der sich in westöstliche Richtung über die Stadt hinzog. Auffallenderweise erhielt diese Nebelschicht auf einmal eine intensive Färbung, wie man sie bei Feuersbrünsten am Himmel feststellen kann. Gegen Westen leuchtete dieser dünne Wolkenschleier, der die Sterne durchblitzen ließ, tiefrot auf und wurde immer heller bis in feine Farbtöne hinein, die aber in östlicher Richtung verblaßten und doch der Wolke eine lichte Ausstrahlung verliehen. Am stärksten war die Erscheinung gegen zehn Uhr, und es schien, als ob der Himmel von diesem brennenden Rot auch noch auf die Erde abgeben wolle. Im Marzili warfen die Bäume Schatten, wo nicht das Straßenlicht die Strahlung beeinträchtigte. Wo die Erscheinung bemerkt wurde, eilten die Leute auf die Straße, und von der telefonischen Auskunft, die scheinbar von überall her über das Vorkommnis und über die scheinbare Brandröte angefragt wurde, erhielt man via Observatorium die Nachricht, daß es sich um eine seltsame Naturerscheinung handle. Zu späterer Stunde, gegen elf Uhr, leuchtete die unheimliche Nebelbank immer noch, nur hatte sie sich bedeutend in östlicher Richtung verschoben. Besonders stark konnte die Naturerscheinung von Stellen aus beobachtet werden, an denen keine künstliche Beleuchtung dem nächtlichen Himmel Einbuße tat.»

In Südnorwegen war das Nordlicht zu dieser Zeit so stark, daß die Gegend mehrere Stunden lang taghell erleuchtet wurde. In Le Havre bot der leuchtende Nachthimmel über dem Meer ein besonders schönes Schauspiel. Das Geschehen verursachte überall Störungen im Telegrafenverkehr.

Es gab Leute, die diesen roten Himmel als «blutiges Meer» oder als «Feuerarm» deuteten und dies als Hinweis auf den kommenden Zweiten Weltkrieg betrachteten.

Es ist nicht ausgeschlossen, daß in einer klaren Winternacht auch in Mitteleuropa wieder Nordlichter beobachtet werden können, wenn die Sonnenaktivität ihr Maximum erreicht. Dies wird das nächste Mal im Jahr 2000 erwartet. Allerdings erschwert die starke Stadt- und Straßenbeleuchtung in mittleren Breiten oft die Beobachtung.

Umlaufzeit des Mondes

Genauso wie sich die Planeten auf einer Ellipse um die Sonne bewegen, beschreibt der Mond eine elliptische Bahn um die Erde. Er benötigt für einen Erdumlauf 27,32 Tage. Dies ist der sogenannte siderische Monat, der sich auf die Sterne bezieht. Diese Umlaufzeit hat der Mond also, wenn man als Astronaut Erde und Mond von außen betrachtet. Während eines Mondumlaufs bewegt sich jedoch die Erde weiter um die Sonne. Damit ein Beobachter auf der Erde den Mond zweimal hintereinander in der gleichen Phase sehen kann,

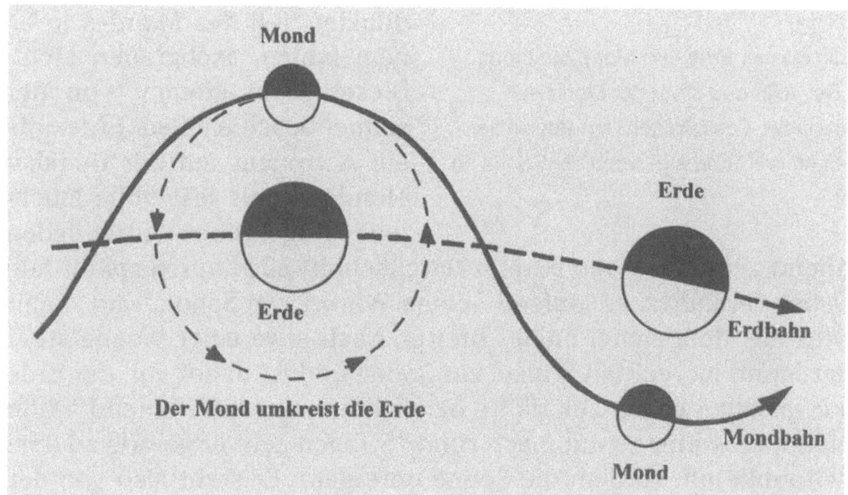

müssen 29,53 Tage vergehen – ein synodischer Monat. Der Mond kehrt also nach einem Umlauf nicht zum gleichen Punkt im Raum zurück, da er sich ja zusammen mit der Erde auch um die Sonne bewegt. Daraus resultiert eine Mondbahn, die sich um die Ellipse der Erdbahn schlängelt.

Betrachtet man das System Erde–Mond von außen, so ergibt die Überlagerung der Bewegung der Erde um die Sonne mit der des Mondes um die Erde eine Schlangenlinie.

Die Mondphasen

Im Gegensatz zur Sonne erzeugt der Mond keine eigene Strahlung, die er an seine Umgebung abgibt, sondern er reflektiert das Sonnenlicht. Die der Sonne zugewandte Hälfte ist beleuchtet, die der Sonne abgewandte Hälfte liegt im Schatten – sie ist also dunkel. Da der Mond vom Erdbeobachter aus gesehen die Erde einmal in etwa 29,5 Tagen umrundet, sehen wir jede Nacht eine etwas andere Beleuchtung der Mondkugel.

Wenn unserer Trabant zwischen uns und der Sonne steht, ist er für uns unsichtbar, da er der Erde dann genau die dunkle Seite zuwendet – es ist Neumond. Kurz nach Neumond erscheint allmählich in der Abenddämmerung eine schmale Sichel. In dieser Phase kann man oft das sogenannte Erdlicht sehen. Man sieht also nicht nur die von der Sonne beleuchtete Mondsichel, sondern auch den

>

Die Anordnung von Sonne, Erde und Mond bestimmt die Mondphase. Bei Vollmond steht der Mond der Sonne genau gegenüber. Deshalb geht am Abend der Vollmond genau dann im Osten auf, wenn die Sonne im Westen untergeht.

dunklen Teil des Mondes in einem fahlen, aschgrauen Licht. Dieses Licht stammt von der sonnenbeschienenen Erde, die ein Astronaut auf der dunklen Mondseite als fast volle leuchtende Kugel sehen würde. Jeden Abend geht der Mond nun im Durchschnitt 50 Minuten später auf. Dabei verändert er laufend seinen Winkel zur Sonne, und damit wird die Mondsichel immer breiter. Nach etwa einer Woche steht der Mond im rechten Winkel zur Sonne und ist daher von der Erde aus gesehen genau zur Hälfte beleuchtet – es ist Halbmond. Dann nimmt er weiter zu und nach rund 15 Tagen geht er gerade zu dem Zeitpunkt auf, zu dem die Sonne untergeht. Er steht also von der Erde aus gesehen der Sonne gegenüber und erreicht seinen Höchststand etwa um Mitternacht – es ist Vollmond. Nach dem Vollmond nimmt der Mond langsam wieder ab. Jetzt laufen die Phasen in umgekehrter Weise ab. Die Aufgangszeit des Mondes erfolgt nun immer später in der Nacht und geht langsam in die frühen Morgenstunden über. Dabei nimmt er wieder Sichelgestalt an. Zuletzt geht er als schmale Sichel am Morgenhimmel auf. In dieser Zeit kann wieder das Erd-

Da der Mond um die Erde kreist, geht er jeden Tag im Durchschnitt 50 Minuten später auf als am Vortag. Dadurch sehen wir die Mondkugel immer etwas anders beleuchtet – so entstehen die Mondphasen.

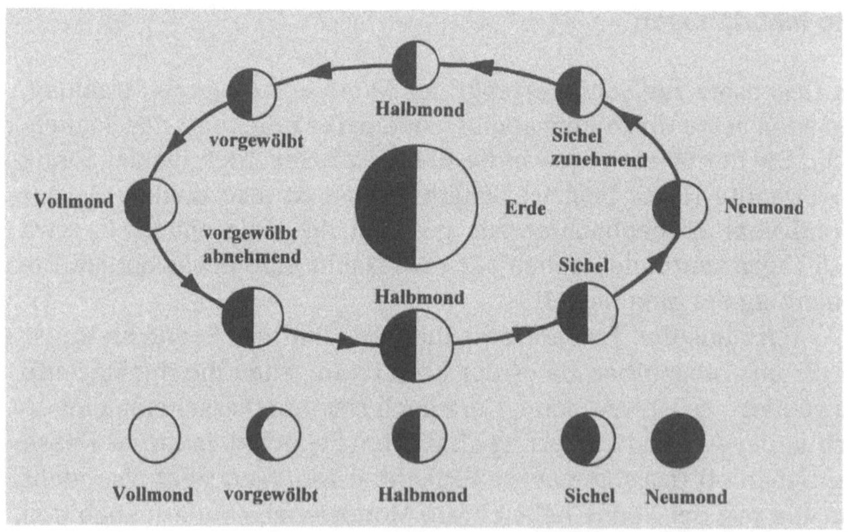

Der Mond umkreist die Erde einmal in 29,5 Tagen. In der
gleichen Zeit dreht er sich einmal um seine eigene Achse.
Deshalb wendet er uns immer die gleiche Seite zu.
Wegen seiner Bewegung um die Erde steht er von uns
aus gesehen jeden Tag in einem anderen Winkel zur
Sonne. Ausgehend von einer kleinen Mondsichel nimmt
der Mond zu bis zum Vollmond. Danach nimmt er ab, bis
er wieder zu einer kleinen Mondsichel geworden ist und
schließlich als Neumond unsichtbar bleibt. In dieser Zeit
ist der Mond für einige Tage gänzlich vom Himmel
verschwunden.

Bei Halbmond stehen Sonne, Erde und Mond im
rechten Winkel zueinander. Der zunehmende Halbmond
(weißer Punkt links oben) erreicht seinen Höchststand
am Himmel bei Sonnenuntergang.

licht gesehen werden. Mit dem Neumond wiederholt sich der
Zyklus. Die Zeitspanne zwischen zwei aufeinanderfolgenden Neu-
monden bezeichnet man als Lunation.

Die Libration des Mondes

Da sich der Mond nicht auf einem Kreis um die Erde bewegt, sondern
auf einer Ellipse, verändert sich laufend seine Umlaufgeschwindig-
keit. Nach dem zweiten Keplerschen Gesetz ist sie in Erdnähe größer

Die schmale Sichel des zunehmenden Mondes erscheint immer am Abendhimmel, die
schmale Sichel des abnehmenden Mondes dagegen immer am Morgenhimmel. In
diesen Mondphasen wird jeweils die Dunkelseite des Mondes von der Erde beleuchtet.
Das Erdlicht wird vom Mond wieder zurückreflektiert, und ist daher für uns sichtbar.

als in Erdferne. Diese Variation bewirkt, daß der Mond in Erdnähe vor dem Fixsternhimmel pro Tag rund 15° zurücklegt, in Erdferne jedoch nur etwa 12°. Da er sich sehr gleichmäßig um seine eigene Achse dreht, nämlich genau einmal pro Erdumlauf, geraten dabei Umlaufbewegung und Rotation etwas aus dem Takt. Dies bewirkt, daß wir tatsächlich ein bißchen mehr sehen als nur eine Mondhälfte. Einmal sehen wir östlich, ein anderes Mal westlich ein bißchen «hinter den Mond». Für den Beobachter auf der Erde sieht es so aus, als würde sich der Mond ein wenig hin und her bewegen. Da außerdem die Rotationsachse des Mondes nicht senkrecht auf seiner Bahnebene steht, können wir auch einmal über den Nordpol und einmal über den Südpol unseres Trabanten schauen. Es scheint also für den Erdbeobachter, als ob der Mond auch in Nord-Süd-Richtung hin und her pendelt. Diese Phänomene werden als Libration des Mondes bezeichnet und haben zur Folge, daß wir im Laufe der Zeit etwa 59 Prozent der Mondoberfläche zu Gesicht bekommen, obwohl wir bei Vollmond immer nur genau 50 Prozent sehen können.

Ein Tag, eine Nacht – ein Monat

Da sich der Mond pro Erdumlauf genau einmal um seine eigene Achse dreht, dauern Mondtag und Mondnacht jeweils rund 15 Erdentage. Weil der Mond außerdem keine Atmosphäre besitzt, kann auch kein Temperaturausgleich zwischen Tag- und Nachtseite stattfinden. Dies führt zu extremen Oberflächentemperaturen. So herrscht auf der Tagseite des Mondes eine Temperatur von etwa 120 Grad am «Mittag», während sie auf der Nachtseite bis auf –130 Grad fällt. Wegen der fehlenden Atmosphäre kommt es außerdem zu krassen Temperaturstürzen. Besonders rasche Temperaturveränderungen wurden bei Mondfinsternissen gemessen. Sobald der Mond in den Erdschatten eintaucht, breitet sich eine arktische Kälte aus. Umgekehrt steigt die Temperatur sehr rasch wieder an, sobald der Austritt aus dem Kernschatten erfolgt ist. Sollten die Menschen einmal eine Mondbasis errichten, so wären die Gebiete ideal dafür, in denen die Sonnenstrahlen in einem flachen Winkel auftreffen und damit ein «erträgliches Mondklima» erzeugen.

>
Diese Bildserie zeigt die Libration des Mondes.
Bild 1: Südpol sichtbar, Bild 2: Nordpol sichtbar,
Bild 3: Mare Crisium randfern, Bild 4: Mare Crisium
randnah, Bild 5: Krater Grimaldi randfern, Bild 6: Krater
Grimaldi, randnah.

«Stehender» Mond in hoher geografischer Breite.

Umweltbedingungen auf dem Mond

Gluthitze am Tag, grimmige Kälte in der Nacht, das Fehlen von Wasser und Luft – all diese Bedingungen sind extrem lebensfeindlich. Zudem ermöglicht das Fehlen einer Atmosphäre, daß ständig kosmische Strahlung ungehindert auf die Mondoberfläche trifft und somit jeglichen Ansatz von Leben im Keim zerstört. Der Mond besitzt im Unterschied zur Erde nur ein extrem schwaches Magnetfeld, das seine Oberfläche auch vor der Teilchenstrahlung der Sonne nicht hinreichend abschirmen kann. Man nimmt heute an, daß der Mond eine völlig sterile Welt ist – es existiert auf jeden Fall nicht der geringste Hinweis für das Gegenteil.

«Liegender» Mond in Äquatornähe.

Wechselwirkungen zwischen Sonne, Mond und Erde

Obwohl der Mond im Vergleich zur Erde nur eine geringe Masse hat, ist der Einfluß seiner Gravitationskraft auf die Erde deutlich. Die Anziehung der nicht exakt kugelförmigen Erde durch den Mond (und die Sonne!) bewirkt eine langsame, aber beständige Lageänderung der Erdachse im Raum. Könnte man die Bewegung der Erde in einem Zeitrafferfilm über Hunderttausende von Jahren sehen, so würde sichtbar, daß sie wie ein gigantischer Kreisel taumelt. Diese Erscheinung nennt man «Präzession». Sie bewirkt, daß der heutige Polarstern in ferner Zukunft nicht mehr die Nordrichtung angeben wird. In 5600 Jahren wird sich der Himmelspol beim Stern Alpha Cephei im

Sternbild Kepheus befinden, nach 12 000 Jahren beim hellen Stern Wega in der Leier. Die Erdachse beschreibt einen Kreis mit einer Periode von rund 26 000 Jahren. Nach dieser Zeit wird unser jetziger Polarstern wieder seine Rolle übernehmen. Gegenwärtig ist wegen der elliptischen Umlaufbahn der Erde das Sommerhalbjahr auf der Nordhalbkugel um fünf Tage länger als das Winterhalbjahr. In 13 000 Jahren gilt dies für die Südhalbkugel, während in 26 000 Jahren wieder die heutigen Verhältnisse herrschen.

Obwohl die Sonne von dem System Erde–Mond rund 150 Millionen Kilometer entfernt ist, übt sie aufgrund ihrer riesigen Masse Einflüsse auf die Bewegung des Mondes aus. Dazu zählen die periodische Variation der Dauer eines synodischen Monats von etwa 35 Minuten zwischen Sommer und Winter, eine ständige Verformung und Verlagerung der Mondbahnellipse, wodurch sich die Minimalentfernung des Mondes von der Erde in einer Richtung laufend etwas verschiebt, sowie eine kontinuierliche rückläufige Verschiebung der Schnittpunkte (Knoten) von Mondbahn und Erdbahnebene.

Zudem wird die Ellipse der Erdbahn durch den Einfluß der Planeten etwas verformt. Solche «Störungen» sind charakteristisch für Planeten und ihre Monde.

Die Gezeiten

Der bekannteste und großräumigste Einfluß des Mondes auf unseren Erdball zeigt sich in den Gezeiten. Aufgrund der Mondanziehung haben die Wassermassen an der Erdoberfläche auf der dem Mond zugewandten Seite die Tendenz, sich in Richtung Mond zu erheben. Der gleiche Vorgang findet aber auch auf der dem Mond abgewandten Seite der Erdkugel statt. Dies rührt daher, daß sich genaugenommen nicht der Mond um die Erde dreht, sondern beide Körper um ihr gemeinsames Schwerezentrum. Dadurch überwiegt auf der mondabgewandten Seite die Fliehkraft, die die Wassermassen nach außen zieht. Diese Kräfte verursachen in den Weltmeeren zwei Erhebungen, dazwischen befinden sich zwei «Täler». Die Erhebungen zeigen sich dem Beobachter als Flut, die «Täler» als Ebbe. Während einer vollen Umdrehung der Erdkugel in bezug auf den Mond treten also zwei Ebben und zwei Fluten auf. Dies entspricht einer Zeitspanne von einem Tag zuzüglich der durchschnittlichen täglichen Aufgangsverzögerung des Mondes – also 24 Stunden und rund 50 Minuten.

Auch die Sonne übt Gezeitenkräfte auf die Erde aus. Diese sind wegen ihrer größeren Entfernung allerdings kleiner als die des Mondes. Gleichsinnige oder gegenläufige Überlagerung der Gezeitenkräfte von Sonne und Mond führen jedoch zu einer mehr oder minder starken Ausprägung von Ebbe und Flut. Bei Vollmond und bei Neumond summieren sich die Kräfte, und es kommt zu Springfluten, also besonders hohen Fluten. Bei Halbmond schwächt die Gezeitenkraft der Sonne die des Mondes, daher sind die Gezeiten dann weniger stark ausgeprägt, und es kommt zur Nippflut.

Die Gezeiten des Meeres sind unter anderem auch von dem Relief der Küste abhängig. Daher sind Ebbe und Flut – abgesehen vom Mondeinfluß – an verschiedenen Orten ganz unterschiedlich ausgeprägt. Ein berühmtes Beispiel für eine Landschaft, die stark von den Gezeiten geprägt ist, ist die Insel Mont Saint Michel in Frankreich. Bei Ebbe ist sie mit dem Festland verbunden.

Es sind aber nicht nur die Wassermassen allein, die den Gezeitenkräften unterworfen sind. Selbst die Erdkruste wird von diesen Kräften beeinflußt und reagiert darauf, allerdings in sehr viel geringerem Maße als das Wasser. Wäre die Erdkugel aus kompaktem

Stahl, würde die Erhebung bei «Flut» etwa einen halben Meter betragen. Auch in der Erdatmosphäre sind die Einflüsse der Gezeitenkräfte zu beobachten. Sie äußern sich in wellenförmigen Luftdruckschwankungen, die jedoch keinen spürbaren Einfluß auf die meteorologischen Erscheinungen haben. Ebenso konnte bisher kein eindeutiger Nachweis dafür gefunden werden, daß der Einfluß des Mondes geologische Aktivitäten wie beispielsweise Erdbeben oder Vulkanausbrüche auslöst oder begünstigt.

Die Reibung der durch die Gezeiten bewegten Wassermassen entzieht der Erde Rotationsenergie. Diese «Gezeitenreibung» bremst also die Drehung der Erdkugel nach und nach ab, daher werden unsere irdischen Tage sehr langsam, aber stetig immer länger. Zur Zeit nimmt die Tageslänge auf der Erde in jedem Jahrhundert um etwa 2 Millisekunden zu. Gleichzeitig führt dieser Effekt zu einer allmählichen Entfernung des Mondes von der Erde.

Neben der Gezeitenreibung sorgen aber auch Massenverlagerungen im glutflüssigen Erdinneren, jahreszeitliche Luftmassenumlagerungen und Abschmelzvorgänge in den Polargebieten für kleinere Schwankungen in der Rotationsdauer. Wenn die Summe all dieser Einflüsse zu einer Verlängerung der Umlaufdauer von mehr als 0,6 Sekunden führt, wird zum nächstmöglichen Termin – jeweils Ende Juni oder Ende Dezember – eine zusätzliche Sekunde, eine Schaltsekunde, eingeschoben.

Irgendwann, in sehr, sehr ferner Zeit würde die Rotation der Erde abgebremst sein, und sie würde dem Mond immer dieselbe Seite zuwenden. Doch bevor es dazu kommt, wird sich unsere Sonne zu einem Roten Riesen aufgebläht und Erde und Mond vernichtet haben.

Entstehung der Jahreszeiten

Die Sonne treibt mit ihrer Wärme die gesamten Wettervorgänge auf der Erde an und ermöglicht dadurch das Leben. Da die Erde eine Kugel ist, ist die Stärke der Sonneneinstrahlung auf ihrer Oberfläche aber nicht überall gleich groß. In der Äquatorregion, wo die Sonne am Mittag senkrecht am Himmel steht, ist sie am stärksten. Im Gegensatz dazu ist sie an den beiden Polen am schwächsten, weil sie dort nur wenig über den Horizont steigt.

Stünde die Erdachse genau senkrecht zur Ebene ihres Umlaufs, so befände sich die Sonne am Mittag über dem Äquator genau im

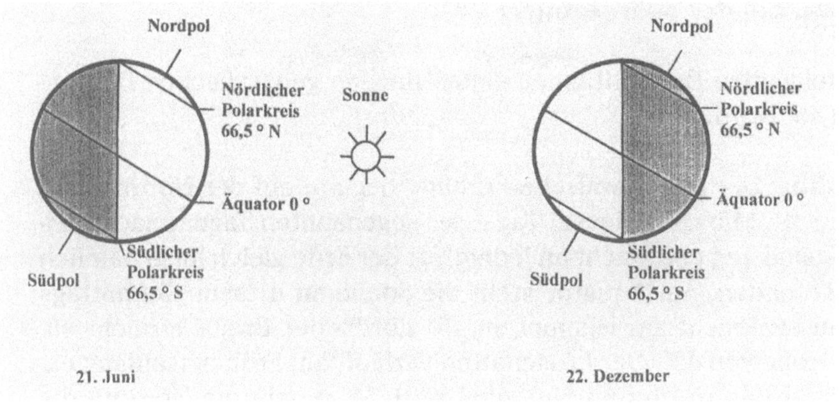

Die Neigung der Erdachse gegenüber der Achse ihrer Umlaufebene verursacht die Jahreszeiten.

Zenit – also senkrecht über unserem Kopf, während sie am Nord- und Südpol immerfort zur einen Hälfte über, zur anderen Hälfte unter dem Horizont stehen würde. Den geografischen Breitengraden entsprechend würden die Temperaturen vom Äquator ausgehend polwärts abnehmen, wären jedoch an einem bestimmten Ort das ganze Jahr über ziemlich konstant.

Die Realität sieht aber ganz anders aus. Die Erdachse besitzt eine Neigung von 23,5° gegenüber der Achse ihrer Bahnebene, was dazu führt, daß sich bei einem Sonnenumlauf über das Jahr an jedem Ort der Erde der Sonnenstand täglich verändert. So entstehen die Jahreszeiten, die sich in verschiedenen Bereichen der Erdkugel ganz unterschiedlich auswirken.

In den Tropen sind keine Jahreszeiten spürbar. In dem sehr warmen und feuchten Klima gedeihen die tropischen Regenwälder und unzählige immergrüne tropische Pflanzen. In der Äquatorregion variiert der höchste mittägliche Sonnenstand zwischen 66,5° und 90°. Zur Zeit des Sonnentiefststandes steht die Sonne dort genauso hoch wie bei uns zur Zeit des Sonnenhöchststandes im Sommer. In den gemäßigten Breiten zeigen sich die Jahreszeiten in dem uns bekannten natürlichen Rhythmus von Frühling, Sommer, Herbst und Winter.

Im Wandel der Jahreszeiten

Die folgenden Betrachtungen gelten für den geografischen Breitengrad 45° Nord.

Frühling: Der astronomische Frühling beginnt auf der Nordhalbkugel am 21. März. An diesem Tag – der sogenannten Tagundnachtgleiche – sind Tag und Nacht an jedem Ort der Erde gleich lang, nämlich je 12 Stunden. Am Äquator steht die Sonne an diesem Tag mittags genau senkrecht am Himmel, in 45° nördlicher Breite erreicht sie eine Höhe von 45°. Der Erdschatten verläuft am Frühlingsanfang exakt über den Nord- und Südpol. Am 21. März geht am Nordpol die Sonne auf, um für ein halbes Jahr zu scheinen. Am Südpol geht an diesem Tag die Sonne unter, um eine halbjährige Polarnacht einzuleiten. Auf der Südhalbkugel beginnt der Herbst.

Sommer: Der astronomische Sommer beginnt auf der Nordhalbkugel am 21. Juni. Dieser Tag ist für alle Orte nördlich des Äquators der längste Tag und für alle Orte südlich des Äquators der kürzeste Tag des Jahres. Am nördlichen Wendekreis steht die Sonne an diesem Tag mittags senkrecht am Himmel, am Äquator erreicht sie ihren niedrigsten Stand von 66,5°. Damit steht sie dort zu dieser Zeit etwa gleich hoch am Himmel wie bei uns. Während bei uns der Tag etwa 16 Stunden dauert, wird die Tageslänge Richtung Norden immer länger. Im Gebiet des nördlichen Polarkreises bis zum Nordpol geht die Sonne gar nicht mehr unter (Mitternachtssonne). Am Nordpol steht sie dann maximal 23,5° über dem Horizont. Am Südpol herrscht zu dieser Zeit Polarnacht und im Gebiet des südlichen Polarkreises bis zum Südpol geht sie gar nicht mehr auf.

Herbst: Der astronomische Herbst beginnt auf der Nordhalbkugel am 23. September. Die Verhältnisse sind an diesem Tag die gleichen wie im Frühling, nur sind alle Vorzeichen umgekehrt. Auf der Nordhalbkugel geht es auf den Winter zu, auf der Südhalbkugel Richtung Sommer. Demzufolge geht am Nordpol an diesem Tag die Sonne unter, um die Polarnacht einzuleiten, am Südpol hingegen geht sie nach sechs Monaten Dunkelheit wieder auf.

Winter: Der astronomische Winter beginnt auf der Nordhalbkugel am 22. Dezember. Dieser Tag ist für alle Orte nördlich des Äquators

der kürzeste Tag und für alle Orte südlich des Äquators der längste
Tag des Jahres. Am südlichen Wendekreis steht die Sonne an diesem
Tag mittags senkrecht am Himmel, am Äquator erreicht sie zum
zweiten Mal im Jahr ihren niedrigsten Stand von 66,5°. Bei uns erreicht die Sonne am Mittag eine maximale Höhe von 19°. Während
bei uns der Tag etwa 8 Stunden dauert, wird die Tageslänge Richtung Norden immer kürzer, und im Gebiet des nördlichen Polarkreises bis zum Nordpol geht die Sonne gar nicht mehr auf, während sie
im Gebiet des südlichen Polarkreises bis zum Südpol gar nicht mehr
untergeht. Am Südpol steht die Sonne dann maximal 23,5° über dem
Horizont.

Ein Tag – ein Jahr: Die Jahreszeiten am Nord- und Südpol

In den Polregionen der Erde existieren keine Jahreszeiten wie bei
uns. Vielmehr verläuft an diesen Orten ein Jahreszyklus wie ein sehr
langer Tag. Im Winter herrscht eine lange und kalte Polarnacht, da
die Sonne für sechs Monate unter dem Horizont steht. Gegen Ende
der Polarnacht beginnt eine wochenlange Dämmerung, die langsam
immer heller wird. Schließlich erhebt sich am Frühlingsanfang die
Sonne über den Horizont. Von diesem Tag an geht sie nicht mehr
unter bis zum Herbstanfang – dies ist die Zeit der Mitternachtssonne. Vom Frühlingsbeginn bis zum Sommerbeginn läuft die Sonne auf
einer spiralförmigen Bahn den Horizont entlang und steigt langsam
immer höher am Himmel. Am Sommeranfang erreicht sie ihren höchsten Stand von 23,5°. Zu dieser Zeit ist das Verhältnis der pro Tag
eingestrahlten Sonnenenergie zwischen dem sommerlichen Pol und
den Tropen höchst interessant. Während in den Tropen pro Tag eine
Sonnenenergie von über 400 Watt pro Quadratmeter eingestrahlt
wird, sind es am sommerlichen Pol über 500 Watt pro Quadratmeter.
Wie ist dies zu erklären? Am Pol trifft zwar wegen des niedrigeren
Sonnenstandes pro Sekunde eine geringere Menge an Sonnenenergie
auf die Erdoberfläche als in den Tropen, da aber zu dieser Zeit die
Bestrahlungsdauer am Pol doppelt so lang ist wie die in den Tropen –
nämlich 24 Stunden gegenüber 12 Stunden –, fällt die Gesamtenergie-
bilanz zugunsten der Polregion aus. Allerdings führt die sehr starke
Rückstrahlung an den vielen weißen Schnee- und Eisflächen zu einer
viel geringeren Erwärmung, als dies in den Tropen bei dunklem Boden der Fall ist.

Von Sommeranfang bis Herbstanfang sinkt die Sonne wieder langsam, aber stetig gegen den Horizont. Am Herbstanfang verschwindet sie wieder für sechs Monate und nach einer wochenlangen Dämmerung bricht die Polarnacht herein.

Die Sonnenbahn im Jahreskreis

Frühling, Sommer, Herbst und Winter prägen jedes Jahr das Gesicht unserer Landschaft. Im Winter sind die Tage kurz, im Sommer sind sie lang. Diese Tatsache ist jedem bekannt. Beobachtet man jedoch die täglichen Höchststände von Sonne und Mond über ein Jahr, so ergeben sich ganz erstaunliche Muster.

Am längsten Tag des Jahres steht die mittägliche Sonne bei uns am höchsten, und der Tag dauert fast 16 Stunden. Im Winter ist es genau umgekehrt. Die Sonne erreicht am Mittag den tiefsten Höchststand des Jahres, und der Tag dauert nur rund 8 Stunden.

Stellt man den Lauf der Sonnenhöchststände über das ganze Jahr in regelmäßigen Abständen dar (s. Farbtafel II), erkennt man deutlich, daß die Sonnenhöchststände über das Jahr eine angenäherte Sinuskurve beschreiben. Das Maximum dieser Sinuskurve liegt beim 21. Juni (Sommersonnenwende), das Minimum beim 22. Dezember (Wintersonnenwende). Um diese beiden Zeitpunkte herum ist die Veränderung des Höchststandes zum nächsten Monat hin am kleinsten. Dies ist auch der Grund dafür, daß nach dem 21. Juni die Tage noch lange nicht spürbar kürzer beziehungsweise nach dem 22. Dezember noch lange nicht spürbar länger werden. Ganz anders ist die Situation im Frühling und Herbst. Zu dieser Zeit ändert sich die Tageslänge am schnellsten, wie folgendes Beispiel zeigt:

Vom 21. Juni bis 1. Juli wird die Tageslänge im Durchschnitt nur um 24 Sekunden kürzer pro Tag. Vom 21. September bis 1. Oktober jedoch werden die Tage viel schneller kürzer, nämlich um 3,4 Minuten pro Tag. Dies ist genau 8,5mal schneller.

Dies zeigt auch das Bildpanorama deutlich. Die Zeitpunkte, zu denen sich die Tageslänge am schnellsten ändert, sind der Frühlings- und der Herbstpunkt – also die Tagundnachtgleiche. Es ist dies der «lineare Teil» der Sinuskurve, der am steilsten verläuft (s. Farbtafel II). Durch die sich verändernde scheinbare Sonnenbahn verschieben sich auch die Positionen der Sonnenauf- und -untergänge während des Jahres (s. auch S. 118–19 und Farbtafeln IV, V, VI und VII).

Der Mondlauf im Jahreskreis

Die Neigung der Erdachse verursacht aber nicht nur einen variablen Sonnenhöchststand über das Jahr – sie verändert auch den täglichen Mondhöchststand. Der Mond bewegt sich ungefähr in der gleichen Himmelsebene wie die Sonne, und da der Vollmond der Sonne genau gegenübersteht, erreicht er im Sommer seinen tiefsten Höchststand und im Winter den höchsten Höchststand des Jahres. Analog dazu erreicht der Neumond, der sich von der Erde aus gesehen fast am selben Ort wie die Sonne befindet, im Sommer den höchsten und im Winter den tiefsten Höchststand. Da der Neumond für uns jedoch unsichtbar ist, können wir diesen Verlauf nicht beobachten.

Man kann sich diesen Zusammenhang auch anders klarmachen: Der Vollmond scheint nur nachts und geht jeweils zur Dämmerungszeit auf und unter. Somit muß er im Sommer spät auf- und früh untergehen, da die Nächte zur Sommerzeit kurz sind. Dies ist aber nur möglich, wenn er eine tiefe Himmelsbahn einschlägt und deshalb auch nur einen tiefen Höchststand erreicht. Im Winter sind die Verhältnisse genau umgekehrt. Die Nächte sind lang. Der Vollmond geht früh auf und spät unter. Er beschreibt eine weite Himmelsbahn und erreicht einen hohen Höchststand. Im Frühling und Herbst liegen die Höchststände des Vollmondes in der Mitte zwischen den beiden Extremen (vgl. dazu Farbtafel III).

Auch in den anderen Phasen verändert der Mond seine Höchstwerte zwischen diesen beiden Extremwerten. Theoretisch könnte dieses Bildpanorama für jede Mondphase erstellt werden. So hat jede Mondphase einmal im Jahr ihren höchsten und einmal im Jahr ihren tiefsten Höchststand. Der Mond erreicht in einem Mondmonat (29,5 Tage) also täglich einen anderen Höchststand, da er auch täglich seine Phase ändert. Für die fotografische Darstellung eignet sich natürlich der Vollmond am besten, weil sein Höchststand immer in der Nacht stattfindet und seine Helligkeit am größten ist.

>>

Die Vollmonduntergänge «laufen umgekehrt» zu den Sonnenuntergängen. Der Wintervollmond erreicht den größten Höchststand, und deshalb geht er im Ostnordosten auf, die Wintersonne hingegen im Ostsüdosten. Im Frühling und Herbst erscheinen Sonne und Mond ziemlich genau im Osten, im Sommer geht der Mond im Ostsüdosten auf und die Sonne im Ostnordosten. Bei den Aufgängen ist die Situation spiegelbildlich dazu (s. auch Farbtafel III).

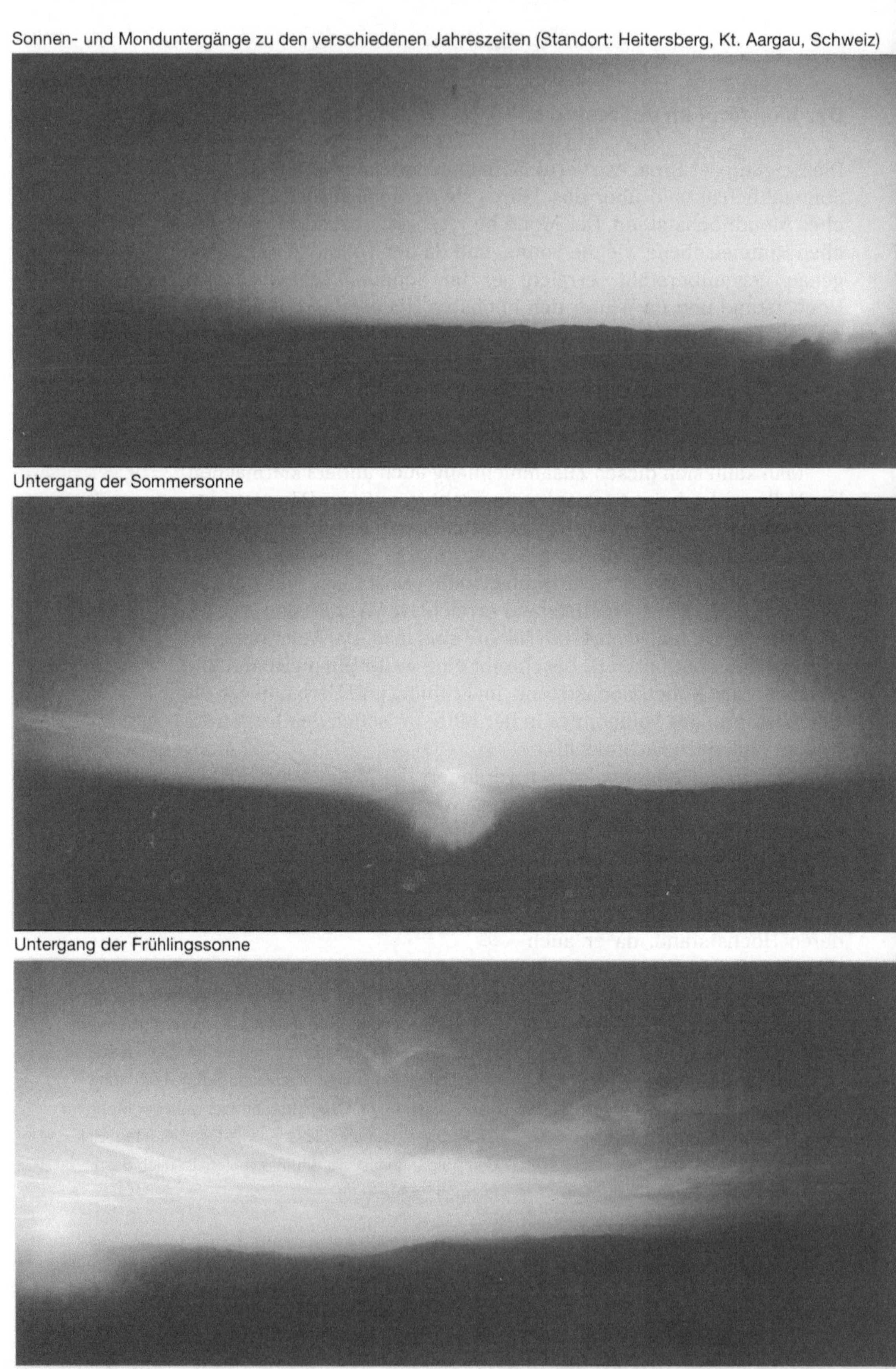

Sonnen- und Monduntergänge zu den verschiedenen Jahreszeiten (Standort: Heitersberg, Kt. Aargau, Schweiz)
Untergang der Sommersonne
Untergang der Frühlingssonne
Untergang der Wintersonne

Untergang des Sommervollmondes

Untergang des Frühlingsvollmondes

Untergang des Wintervollmondes

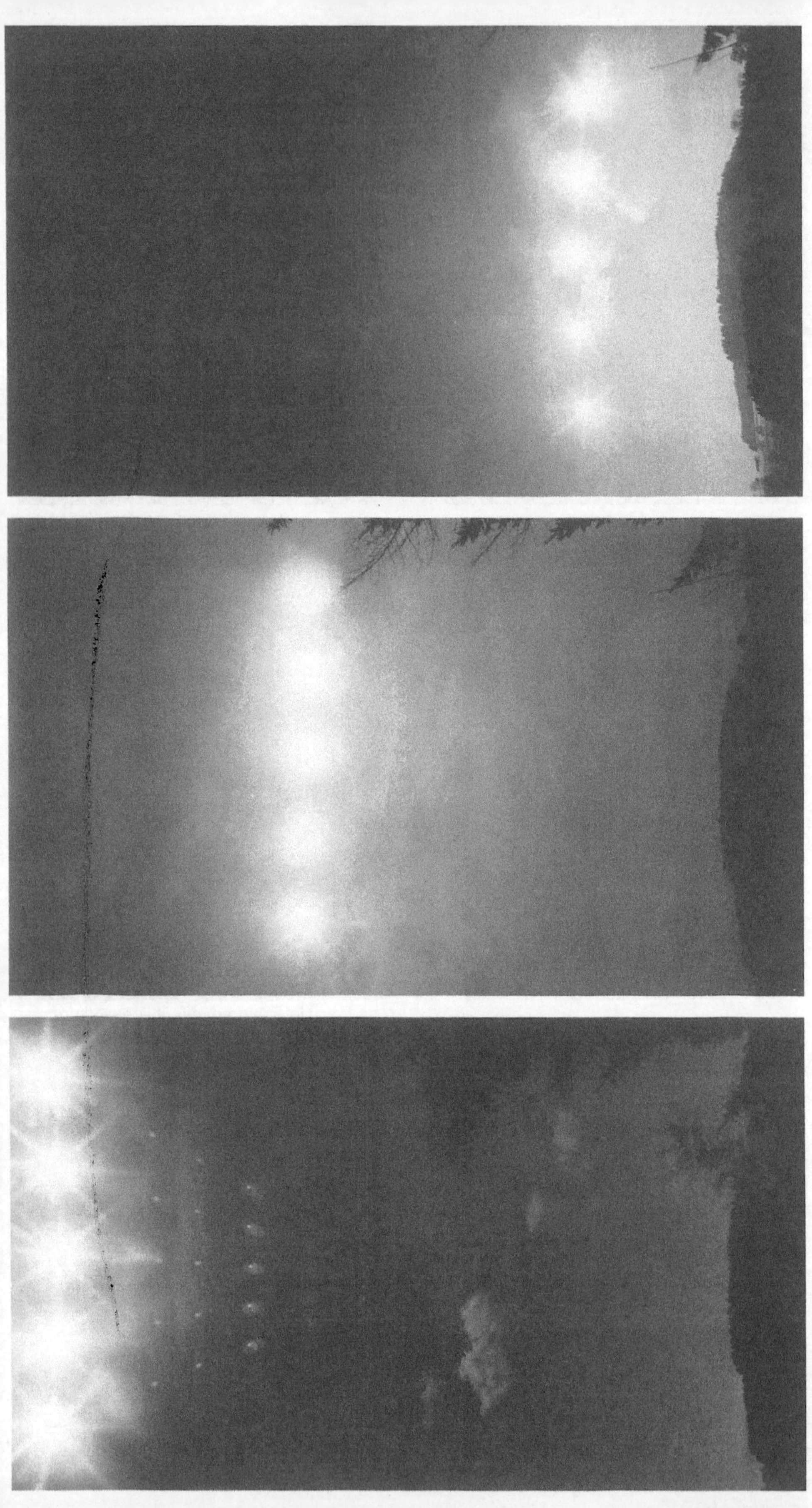

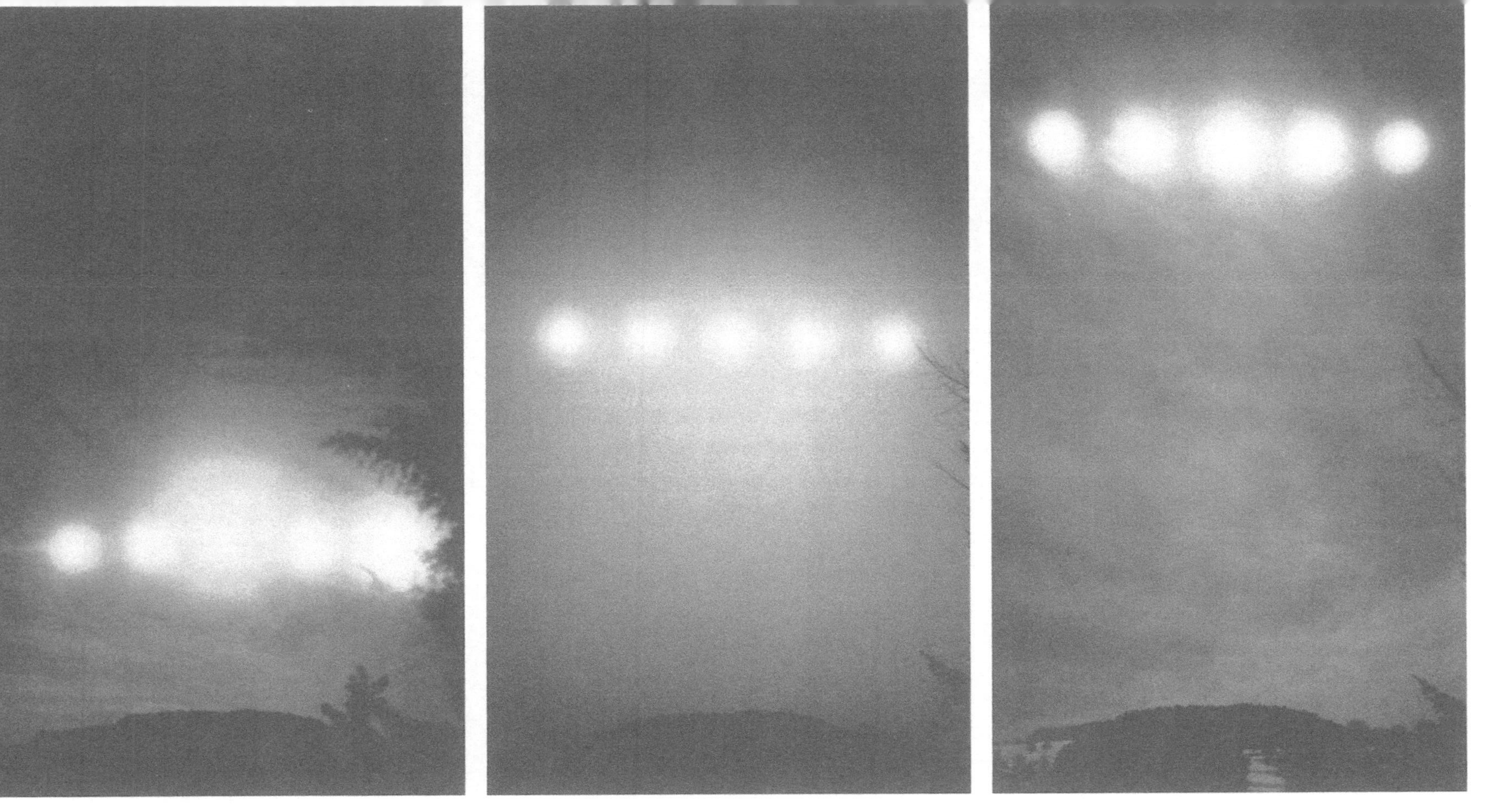

Die Mehrfachbelichtungen von Sonne und Vollmond während der Kulminationszeit veranschaulichen die Bahnen der beiden Himmelskörper über das Jahr. Im Sommer steht die Sonne am höchsten, im Winter am tiefsten und im Frühling (und Herbst) zwischen diesen beiden Positionen (oben). Der Vollmond hingegen steht im Sommer am tiefsten, im Winter am höchsten und im Frühling (und Herbst) zwischen diesen beiden Positionen (unten).

Die scheinbaren Bahnen der Himmelskörper in Abhängigkeit vom Breitengrad

Die Kugelgestalt der Erde hat zur Folge, daß die Himmelskörper je nach dem Breitengrad, auf dem sich der Himmelsbeobachter befindet, scheinbar unterschiedliche Bahnen am Himmel beschreiben. Am deutlichsten sieht man dies am Beispiel der Sonne. Zum Zeitpunkt der Tagundnachtgleiche, also zum Frühlings- oder Herbstanfang, dauern Tag und Nacht überall auf der Erde 12 Stunden. Die Sonne beschreibt jedoch über den verschiedenen Breitenkreisen der Erde unterschiedliche Tagbögen am Himmel und erreicht daher unterschiedliche Kulminationshöhen.

Am Äquator geht sie senkrecht zum Horizont auf, erreicht am Mittag den größtmöglichen Höchststand von 90° und versinkt wieder senkrecht zum Horizont. In 45° nördlicher Breite geht die Sonne in einem Winkel von 45° zum Horizont auf, erreicht eine maximale Höhe von 45° und geht in einem Winkel von 45° wieder unter. An den Polen der Erde steht die Sonne dann genau am Horizont, die eine Sonnenhälfte über, die andere unter dem Horizont. An einem Tag bewegt sie sich am Horizont einmal im Kreis herum. Auch die scheinbaren Bahnen des Erdmondes und der Sterne sind vom Breitengrad abhängig, auf dem sich der Beobachter befindet. Die Abbildungen auf S. 124 und Farbtafel VIII und IX lassen dies deutlich werden.

<

Wenn Vollmond fast mit dem Frühlingsanfang zusammenfällt wie in den nebenstehenden Abbildungen, verlaufen die Bahnen von Sonne und Vollmond sehr ähnlich.

Abgebildet ist der Vollmondaufgang am 16. März 1995 um 20 Uhr (Bild oben) und der Sonnenaufgang am 17. März 1995 um 8.30 Uhr (Bild unten). Sonne und Mond gehen in diesem Fall praktisch am gleichen Ort auf.

Die Dämmerung in Abhängigkeit vom Breitengrad

Auch die Dauer der Dämmerung ist vom Breitengrad abhängig und zudem von der Jahreszeit. Man unterscheidet drei Dämmerungsphasen:

Die «bürgerliche Dämmerung» beginnt morgens beziehungsweise endet abends, wenn die Sonne oder genauer der Sonnenmittelpunkt (da die Sonne selbst ja als Scheibe am Himmel erscheint) 6° unter dem mathematischen Horizont (total flach wie zum Beispiel ein Ozean) steht. Bei dieser Helligkeit können Vorgänge im Freien ohne künstliche Beleuchtung nicht mehr so genau verfolgt werden,

und die hellsten Sterne sind bereits mit bloßem Auge sichtbar. Während der «nautischen Dämmerung» steht die Sonne zwischen 6° und 12° unter dem Horizont. Die «astronomische Dämmerung» schließlich bezeichnet den Zeitraum, in dem sich die Sonne zwischen 12° und 18° unter dem Horizont befindet.

Wenn man Langzeitfotografien macht, sollte die Sonne 18° oder tiefer unter dem Horizont stehen, damit der noch nicht ganz dunkle Himmel keinen Hintergrundschleier auf dem Bild verursacht. Auch Mondlicht kann den Himmel trotz beendeter Dämmerung sehr stark erhellen.

Am Sommeranfang (21. Juni) geht die Sonne am nördlichen Polarkreis (66,5° Nord) gerade nicht mehr unter. Nördlich davon befindet man sich im Bereich der Mitternachtssonne, südlich davon ist die Nacht eine kurze Dämmerungsphase, die immer länger wird, je weiter man nach Süden kommt, bis es schließlich vollständig Nacht wird (vgl. dazu die Farbtafeln VIII und IX).

In Berlin (52,5° Nord) zum Beispiel wird es im Juni nicht mehr vollständig dunkel – es ist die Zeit der «weißen Nächte». In Zürich (47,5° Nord) wird es zwar das ganze Jahr über vollständig dunkel – allerdings ist auch dort im Juni die Zeitspanne der vollständigen Nacht (ohne Dämmerung) recht kurz. So ist die astronomische Dämmerung in Zürich am 21. Juni etwa um 0.15 Uhr (mitteleuropäische Sommerzeit) abgeschlossen, aber sie beginnt bereits wieder um etwa 2.40 Uhr, die «wirkliche» Nacht dauert also nur rund 2,5 Stunden. Die volle Dämmerungszeit im Juni beträgt in Zürich rund zweimal drei Stunden pro Nacht (Abend- und Morgendämmerung). Im Winter erstreckt sie sich (in Zürich und in Berlin) ziemlich genau auf zweimal zwei Stunden pro Nacht. Am kürzesten ist die Dämmerungszeit im Frühling und Herbst, nämlich zweimal etwas weniger als zwei Stunden pro Nacht (in Berlin etwa zweimal acht Minuten länger).

<

Oben: Das Foto wurde etwa auf dem 28. Breitengrad (Nepal) aufgenommen. Durch die Langzeitbelichtung wird die Erddrehung sichtbar. Der Polarstern befindet sich knapp über dem gebirgigen Horizont, und die Sterne ziehen scheinbar ihre Kreise um ihn herum. In dieser Richtung sehen wir an der Erdachse entlang, die fast waagerecht liegt, da wir uns «relativ nahe» am Äquator befinden.

<

Unten: Dieses Bild ist etwa auf dem 71. Breitengrad (Nordnorwegen) entstanden. Der Polarstern befindet sich noch höher über dem Horizont. In dieser Richtung sehen wir wieder an der Erdachse entlang, die jetzt fast senkrecht steht, da wir uns «relativ nahe» am Nordpol befinden.

Auf unserer Erdkugel existieren Zonen, in denen die Sonne je nach Jahreszeit zum Beispiel einer nur dreistündigen Dämmerung weicht, um sich danach wieder über den Horizont zu erheben (vgl. dazu die Farbtafel VIII). Gerade in der Nähe der Pole ist dies gut möglich. Entsprechend herrscht im Winter an solchen Orten praktisch dauernd Nacht, unterbrochen von einer mehrstündigen Dämmerung am Mittag (jedoch ohne Sonnenaufgang). Da die Sonne in den polaren Regionen unter einem viel flacheren Winkel auf- und untergeht als bei uns, sind die Dämmerungszeiten dort viel länger. Im Gegensatz dazu sind am Äquator die Dämmerungszeiten extrem kurz, da die Sonne dort unter einem steilen Winkel, manchmal sogar senkrecht zum Horizont auf- oder untergeht.

Die Geometrie von Finsternissen

Die Ebene, in der die Erde um die Sonne kreist, heißt Ekliptik. Die Mondbahn verläuft nicht ganz genau in der gleichen Ebene, sondern sie ist um 5° zu dieser geneigt. Diese geometrische Anordnung führt dazu, daß sich der Mond bis zu 40 000 Kilometer über oder unter der Ekliptik befinden kann. Die Mondbahn schneidet die Bahnebene der Erde jedoch in zwei Punkten, den sogenannten «Knoten». Im aufsteigenden Knoten durchquert der Mond die Ekliptik von Süden nach Norden und im absteigenden Knoten von Norden nach Süden. Passiert der Neu- beziehungsweise Vollmond gerade diese Knoten, so stehen Sonne, Mond und Erde exakt in einer Linie, und es kommt zu einer Finsternis. Läge die Mondbahn genau in der Ebene der Ekliptik, wäre sie also nicht um 5° gekippt, gäbe es bei jedem Vollmond eine Mondfinsternis und bei jedem Neumond eine Sonnenfinsternis.

Bei einer Sonnenfinsternis stehen Sonne, Neumond und Erde in einer Linie, und der Neumond wirft seinen Schatten auf die Erdkugel, während bei einer Mondfinsternis Sonne, Erde und Vollmond hintereinander aufgereiht sind und der Vollmond im Schatten der Erde steht. Da die Mondbahn zwei Knoten hat und sich das System Erde–Mond in einem Jahr um die Sonne bewegt, kommt es pro Jahr zu mindestens zwei Sonnenfinsternissen. Wenn auch zwei Wochen vor oder nach der Sonnenfinsternis Sonne, Erde und Vollmond noch «hinreichend genau» in einer Linie stehen, kommt es zudem zu einer Mondfinsternis.

>
Die teilweise verfinsterte Sonne geht hinter dem Gipfelkreuz des Rigi in der Zentralschweiz unter (12.10.1996).

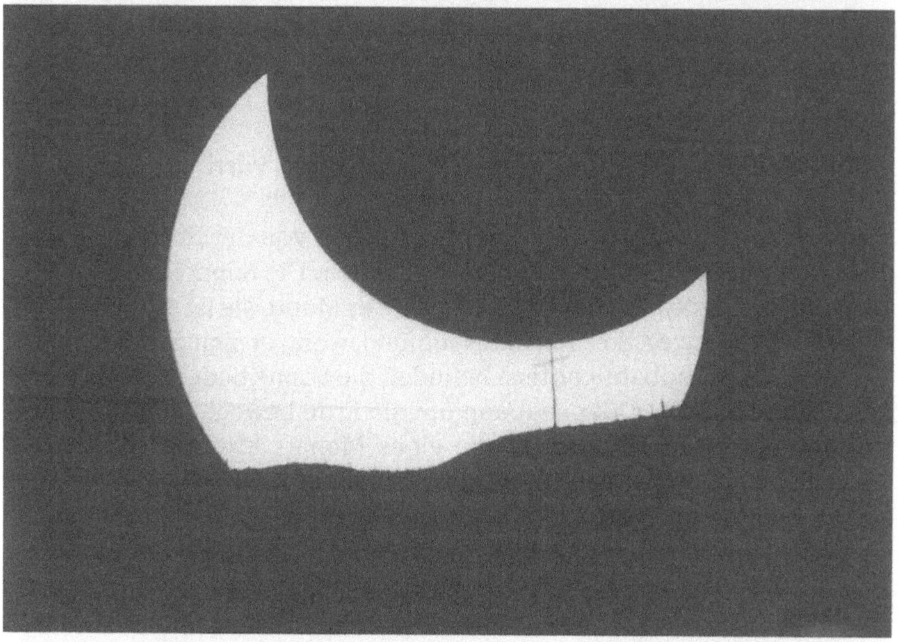

Stehen die drei Himmelskörper nicht «ganz exakt» in einer Linie, so kann es zu partiellen Finsternissen kommen. Bei einer partiellen Sonnenfinsternis wird die Sonne vom Beobachtungsort aus nur teilweise durch die Mondscheibe bedeckt. Bei einer partiellen Mondfinsternis bedeckt der Kernschatten der Erde, also der vollkommen dunkle Bereich hinter der Erde, den Vollmond nur teilweise. Tritt der Mond nur durch den Halbschatten der Erde, also den teilweise beleuchteten Raum hinter der Erde, bezeichnet man dies als Halbschattenfinsternis.

Am 12. Oktober 1996 wanderte der Kernschatten des Mondes über den Nordpol der Erde, und in mittleren und höheren Breiten der Nordhalbkugel konnte man nur eine partielle Sonnenfinsternis erleben (vgl. S. 127). Etwa zwei Wochen vorher, am 27. September 1996, waren die Knoten bei Vollmond genau so positioniert, daß in Europa eine totale Mondfinsternis beobachtet werden konnte (vgl. die Farbtafel XVIII).

Sonnenfinsternis – Wenn der Tag zur Nacht wird

Ein einzigartiger Zufall läßt Sonne und Mond von der Erde aus gesehen am Himmel fast gleich groß erscheinen. Die Sonne hat zwar einen 400mal größeren Durchmesser als der Mond, sie ist jedoch auch 400mal weiter weg. So kann der Neumond, wenn er sich gerade in der Nähe eines Mondbahnknotens befindet, die Sonne bedecken. Da sich der Mond auf einer Ellipsenbahn um die Erde bewegt, schwankt die Entfernung Erde–Mond im Laufe eines Monats etwas. Befindet er sich in Erdnähe (Perigäum), ist er scheinbar ein wenig größer als die Sonne und vermag diese vollständig zu verfinstern. Befindet er sich jedoch in Erdferne (Apogäum), erscheint er ein wenig kleiner als die Sonnenscheibe und kann somit bei einer Finsternis die Sonne nicht vollständig bedecken. Auch im Moment der maximalen Verfinsterung bleibt dann ein schmaler heller Sonnenring um die Mondscheibe herum bestehen. Ein solches Ereignis bezeichnet man als ringförmige Sonnenfinsternis (s. Farbtafel XIX).

Diese Zusammenhänge können genauer anhand der Schattengeometrie des Mondes erschlossen werden:

Da die Sonne größer ist als Erde und Mond, laufen die Kernschatten dieser beiden Kugeln kegelförmig zu einer Spitze zusammen. Im Jahreszyklus schwankt die Entfernung Sonne–Erde und damit auch die Entfernung Sonne–Mond. Daher variiert auch die Länge des

Mondkernschattens, und zwar in einem Bereich zwischen 365 000 und 378 000 Kilometern. Zufälligerweise schwankt auch die Entfernung Erde–Mond im Monatszyklus gerade in diesem Bereich (zwischen 356 400 Kilometern im Perigäum und 406 700 Kilometern im Apogäum). Die Kombination dieser beiden Schwankungen im Falle einer Finsternis entscheidet nun, ob der Beobachter auf der Erde eine totale oder eine ringförmige Sonnenfinsternis sieht.

Ist also die Entfernung Erde–Mond kürzer als die Kernschattenlänge des Mondes, schneidet der Kernschattenkegel die Erdoberfläche und kann bei hochstehender Sonne ein Gebiet von maximal 273 Kilometer Breite bedecken. Um dieses Gebiet herum erstreckt sich ein weitaus größeres kreisförmiges Gebilde, der Halbschatten, der bis zu 7000 Kilometer breit sein kann. Befindet sich der Beobachter auf der Erdoberfläche im Gebiet des Kernschattens, sieht er eine totale Sonnenfinsternis. In der Phase der Totalität werden die Korona und die randnahen Protuberanzen sichtbar. Befindet er sich im Halbschatten, so erlebt er eine partielle Verfinsterung der Sonne.

Ist die Entfernung Erde–Mond jedoch größer als die Länge des Kernschattenkegels, liegt die Erdkugel hinter der Kernschattenzone des Mondes. Für den Beobachter auf der Erde erscheint damit die Mondscheibe ein wenig kleiner als die Sonnenscheibe, und es kommt zu einer ringförmigen Sonnenfinsternis. Obwohl bei einer solchen Finsternis fast die ganze Sonnenscheibe abgedeckt wird, bleibt die Korona unsichtbar, da der schmale, helle Sonnenring alles überstrahlt (vgl. die Farbtafel XIX). In seltenen Fällen, wie dies z.B. am 8. April 2005 der Fall sein wird, kann eine Sonnenfinsternis am Anfang und Ende der verfinsterten Zone ringförmig und in der Mitte für wenige Sekunden total sein.

Die Erdrotation und die Mondumkreisung der Erde erfolgen im gleichen Drehsinn, von West nach Ost. Daher bewegt sich auch der Mondschatten immer von Westen nach Osten über die Erde, und bei hochstehender Sonne erreicht er Geschwindigkeiten von rund 2000 bis 3000 Kilometer pro Stunde.

Für die Beobachtung einer Sonnenfinsternis ist ein klarer Himmel die erste Voraussetzung. Da die Sonne extrem hell ist, muß man bei Sonnenbeobachtungen unbedingt seine Augen schützen. Die Sonne sollte nur durch dunkle Spezialgläser betrachtet werden, die so wenig Licht durchlassen, daß die Augen keinen Schaden erleiden. Sonnenbrillen reichen nicht aus. Auf gar keinen Fall darf man bei

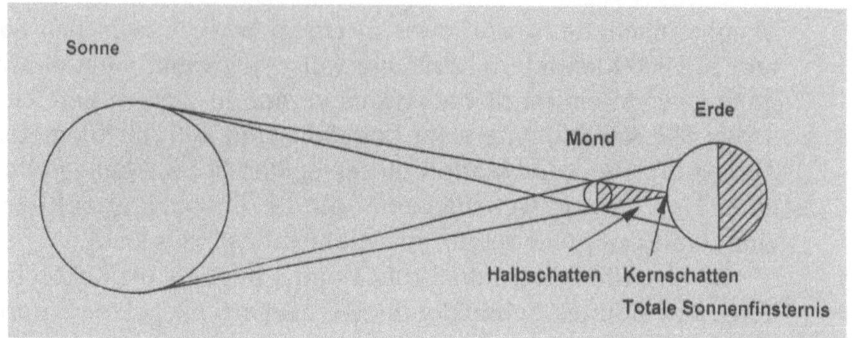

Bei einer totalen Sonnenfinsternis tritt der Neumond zwischen Sonne und Erde und wirft seinen Kernschatten auf die Erdkugel. In dieser schmalen Zone kann dann eine totale Sonnenfinsternis beobachtet werden. Befindet sich der Mond in dieser Zeit in Erdferne, bedeckt er nicht die ganze Sonnenscheibe, und der Erdbeobachter sieht eine ringförmige Sonnenfinsternis.

hohem Sonnenstand mit einem Fernrohr, Feldstecher oder Teleobjektiv ohne dunkles Glas in die Sonne schauen. Die gebündelten Sonnenstrahlen schädigen die Netzhaut und führen im schlimmsten Fall zur Erblindung.

Beobachtet man die Sonne durch ein mit einem Sonnenfilter versehenes Fernrohr, so kann es vorkommen, daß die Sonnenscheibe nicht scharf einzustellen ist. Diese Situation tritt ein, wenn verschiedene übereinanderliegende Luftschichten stark unterschiedliche Temperaturen haben. Dadurch entsteht ein unscharfes Bild, wie wenn man durch heiße Luft über einem Feuer auf die Landschaft schaut.

Wenn der Vollmond vom Nachthimmel verschwindet

Die Erde wirft einen Schattenkegel von etwa 1,4 Millionen Kilometer Länge in den Weltraum. Er reicht also weit über die Mondbahn hinaus. Da der Mond viel kleiner ist als die Erde, kann er vollständig in diesen Schattenkegel eintauchen. Um den Kernschatten herum existiert – genau wie beim Mond – die Zone des Halbschattens. Bei einer totalen Mondfinsternis tritt der Vollmond zuerst in den Halbschatten und dann in den Kernschatten der Erde ein. Eine Halbschatten-Mondfinsternis ist für den Erdbeobachter unbeobachtbar, da der Lichtabfall zu gering ist. Wenn der Mond bei einer Finsternis nur teilweise im Kernschatten verschwindet, spricht man von einer partiellen Mondfinsternis.

Im Verlauf einer totalen Mondfinsternis sieht der Beobachter den hellen Vollmond von einer Seite her immer dunkler werden, bis er schließlich vollständig im Erdschatten verschwindet. Doch auch in der Phase der totalen Verfinsterung wird der Mond nicht völlig unsichtbar, sondern leuchtet noch ganz schwach in einem rötlichbraunen Licht. Die Erdatmosphäre lenkt einen Rest des Sonnenlichtes in den Kernschattenbereich hinein. Aufgrund ihrer Streuwirkung läßt sie dabei praktisch nur rotes Licht passieren (ähnlich wie bei der auf- oder untergehenden Sonne). So verleiht das in der Atmosphäre gebrochene und gestreute Licht dem verfinsterten Mond die typisch rötliche Farbe.

Da Farbe und Helligkeit während der Totalität durch den Zustand der Erdatmosphäre bestimmt werden, sieht der verfinsterte Mond bei jeder Finsternis anders aus. Entscheidend für die Helligkeit ist der aktuelle Verschmutzungsgrad der Atmosphäre und die Bewölkung. Bei Verschmutzung durch menschliche Einflüsse oder Vulkanausbrüche beispielsweise streuen die Staubteilchen in den oberen Atmosphärenschichten das Sonnenlicht, und die Finsternis kann besonders dunkel ausfallen. Der Mond ist dann auch besonders rot. Sind auf der Erdkugel viele Wolken vorhanden, erscheint der verfinsterte Mond heller. Sobald der Mond den Kernschatten der Erde wieder verläßt, verschwindet schlagartig die rötliche Farbe, denn das direkt vom Mond reflektierte Sonnenlicht ist um ein Vielfaches heller als das fahle Rotlicht während der Totalität.

Befände sich ein Astronaut während eines solchen Spektakels auf dem Mond, so sähe er eine totale Sonnenfinsternis, bei der die Erde die Sonne bedeckt (vgl. Farbtafel XIV). Er erblickte um den dunklen Erdschatten den rötlichen Ring des von der Erdatmosphäre gestreuten Lichtes und die Sonnenkorona, wie dies auch bei einer Sonnenfinsternis von der Erde aus der Fall ist.

Da jedoch der Erdkernschatten in Mondentfernung viel größer ist als der Mond selbst, könnten Beobachter auf dem Mond nur totale oder partielle Sonnenfinsternisse beobachten, aber niemals ringförmige. Damit dies möglich wäre, müßte der Mond über eine Million Kilometer von der Erde entfernt sein. Deshalb können wir auch nie eine «ringförmige Mondfinsternis» beobachten – einen Erdschatten, der kleiner ist als der Mond und der als rötliche Scheibe über die Mondoberfläche gleitet, kann es in Mondentfernung nicht geben.

Voraussetzung für die Beobachtung einer Mondfinsternis ist ein klarer Himmel. Besonders gut eignen sich Beobachtungsorte ohne

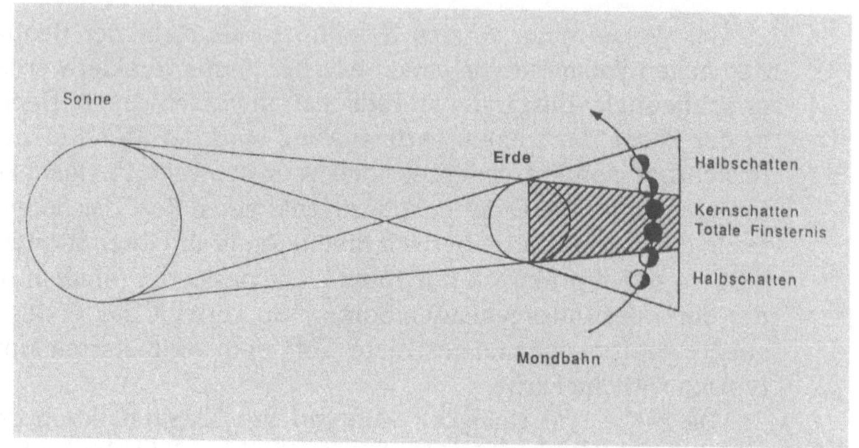

Bei einer totalen Mondfinsternis taucht der Vollmond in den Kernschatten der Erde ein.

störende Lichtquellen (Straßenlampen oder Lichtglocken über einer Stadt). Eine Mondfinsternis ist mit bloßem Auge sichtbar. Ein Feldstecher leistet bereits gute Dienste für nähere Beobachtungen. Besonders interessant ist die Phase der totalen Verfinsterung. Das fahle Rot des verfinsterten Mondes verändert bei längerer Beobachtung Farbe und Intensität.

Häufigkeit und Dauer von Finsternissen

Pro Jahrtausend treten im Durchschnitt 1543 Mondfinsternisse (716 totale und 827 partielle) und 2375 Sonnenfinsternisse (659 totale, 773 ringförmige, 838 partielle und 105 ringförmig-totale) auf.

Von einem festen Punkt auf der Erde sind Mondfinsternisse wesentlich häufiger zu beobachten als Sonnenfinsternisse, obwohl sie über einen gewissen Zeitraum hinweg seltener auftreten als diese. An einem bestimmten Ort tritt eine Sonnenfinsternis im Durchschnitt etwa alle 375 Jahre auf, eine Mondfinsternis hingegen etwa alle 2 Jahre. Dies mag paradox erscheinen, wird aber verständlich, wenn man sich vor Augen hält, daß jede Mondfinsternis immer auf der gesamten Nachtseite der Erde sichtbar ist, während eine Sonnenfinsternis in ihrer totalen Phase nur gerade in einem maximal 273 Kilometer breiten Band beobachtet werden kann. So war zum Beispiel die letzte totale Sonnenfinsternis in der Schweiz am 11. Mai 1724 zu sehen, die nächste wird am 3. September 2081 zu beobachten sein!

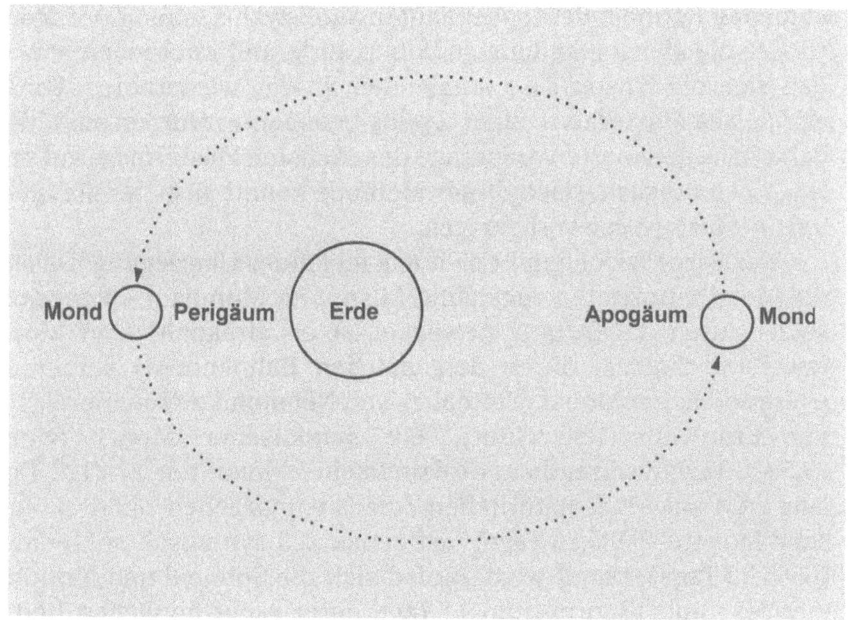

Sonnenfinsternisse treten häufiger auf als Mondfinsternisse, da es von der Geometrie her wahrscheinlicher ist, daß der kleine Mondkernschatten die Erdkugel trifft, als daß der Vollmond genau den Kernschatten der Erde passiert. Die totale Phase einer Mondfinsternis kann im Maximum 1 Stunde und 40 Minuten lang dauern und tritt dann ein, wenn der Vollmond zentral durch den Kernschatten der Erde läuft.

Die längst mögliche Dauer einer totalen Sonnenfinsternis kann 7 Minuten und 40 Sekunden betragen. Dieses Phänomen kann nur am Äquator zur Mittagszeit beobachtet werden, wenn der Mondkernschatten mit der langsamsten Geschwindigkeit von 1680 Kilometer pro Stunde über die Erdkugel gleitet. Bei solchen Bedingungen kann eine ringförmige Sonnenfinsternis in ihrer längsten Phase 12 Minuten und 24 Sekunden dauern.

Der Saroszyklus

Sonnen- und Mondfinsternisse wiederholen sich mit einer bestimmten Periodizität, die schon im Altertum bekannt war. Nach einer bestimmten Periode, dem sogenannten Saroszyklus, nimmt der Mond wieder die gleiche Stellung zu Sonne, Erde und Knotenlinie ein, so daß sich die Finsternisse im gleichen Zyklus wiederholen. Sobald einmal alle Finsternisse eines Zyklus beobachtet worden sind, wird daher eine genäherte Voraussage der nächsten Finsternisse auf sehr lange Zeit möglich. Nach dieser Methode konnte man bereits im Altertum Finsternisse vorhersagen.

Der Saroszyklus ergibt sich aus folgender Überlegung: Da sich die Mondbahnknoten rückläufig (also dem Mondlauf entgegengesetzt) durch die Ekliptik bewegen, ist ein drakonitischer Monat (zwei Durchgänge durch den gleichen Bahnknoten) kürzer als ein synodischer Monat (Zeitdauer von Neumond zu Neumond, von der Erde aus betrachtet). Ein synodischer Monat dauert 29,5306 Tage, während ein drakonitischer Monat nur 27,2122 Tage lang ist. Dank eines natürlichen Zufalls entsprechen 242 drakonitische Monate (6585,36 Tage) fast genau 223 synodischen Monaten (6585,32 Tage). Damit wiederholen sich die Sonnen- und Mondfinsternisse alle 18 Jahre und 11 Tage unter recht ähnlichen Bedingungen.

Einem weiteren Zufall ist es zu verdanken, daß auch die Distanz Erde–Mond, die maßgebend dafür ist, ob eine Sonnenfinsternis total oder ringförmig verläuft, nach dieser Zeit wiederum fast genau dieselbe ist. Die Ursache hierfür ist, daß der Zeitabstand (= 27,5546 Tage) zwischen zwei Passagen des Mondes durch den erdnächsten Bahnpunkt, multipliziert mit 239 dann 6585,54 Tage ergibt – dies sind wiederum ungefähr 18 Jahre und 11 Tage.

Aus diesen Gesetzen kann abgeleitet werden, daß sich zum Beispiel eine bestimmte Sonnenfinsternis alle 6585,32 Tage (223 synodische Monate) wiederholt. Der Bruchteil nach dem Komma von etwa einem drittel Tag führt allerdings dazu, daß die jeweils nächste Finsternis in einem Zyklus etwa einen drittel Tag oder acht Stunden später eintritt. Zu dieser Zeit befindet sich die Sonne wegen der Drehung der Erde aber bereits an einem anderen Ort, nämlich rund 120° weiter westlich. Die Finsternisse treten nach 18 Jahren und 11 Tagen also nicht wieder am selben Ort auf.

Die alle 18 Jahre wiederkehrenden Finsternisse eines Saroszyklus werden jeweils zu einem «Saros» zusammengefaßt und durchnumeriert. Sie wiederholen sich jedoch nicht bis in alle Zeiten, da die beiden Perioden von 223 synodischen Monaten (6585,32 Tage) und 242 drakonitischen Monaten (6585,36 Tage) nicht exakt identisch

sind. Dies hat zur Folge, daß sich die geografische Breite, auf der die
Finsternisse zu beobachten sind, im Laufe der Zeit immer weiter verschiebt, bis der Schatten des Mondes die Erde schließlich nicht
mehr trifft. Die Tatsache, daß auch 239 Passagen des Mondes durch
den erdnächsten Punkt nicht gleich lang dauern wie 223 synodische
Monate, bewirkt, daß aus ringförmigen Finsternissen langsam totale
werden und umgekehrt.

Ein vollständiger Saros dauert rund 1300 Jahre. Er beginnt mit
einer Reihe von partiellen Sonnenfinsternissen in einem der Polge-
biete unserer Erdkugel. Der Kernschatten des Mondes reicht dabei
über den Pol in den Weltraum hinaus und verfehlt die Erde noch.
Danach erfolgt eine Serie von totalen oder ringförmigen Sonnenfinsternissen, die mit der Zeit immer weiter zum anderen Pol hin wan-
dern. Dort endet der Saros schließlich wieder mit einer Serie von
partiellen Finsternissen.

Die Finsternis vom 11. August 1999 ist die 21. im Saroszyklus mit
der Nummer 145. Dieser begann am 4. Januar 1639 mit einer kleinen
partiellen Finsternis am Nordpol. Die Finsternisse verschieben sich
südwärts, die 77. Finsternis am 17. April 3009 wird wiederum partiell
sein und nur noch die Südpolgegend betreffen.

Die Vorläuferfinsternis im Zyklus war jene vom 31. Juli 1981, die
in Sibirien beobachtet werden konnte. In 18 Jahren wird die Finsternis am 21. August 2017 in den USA zu sehen sein.

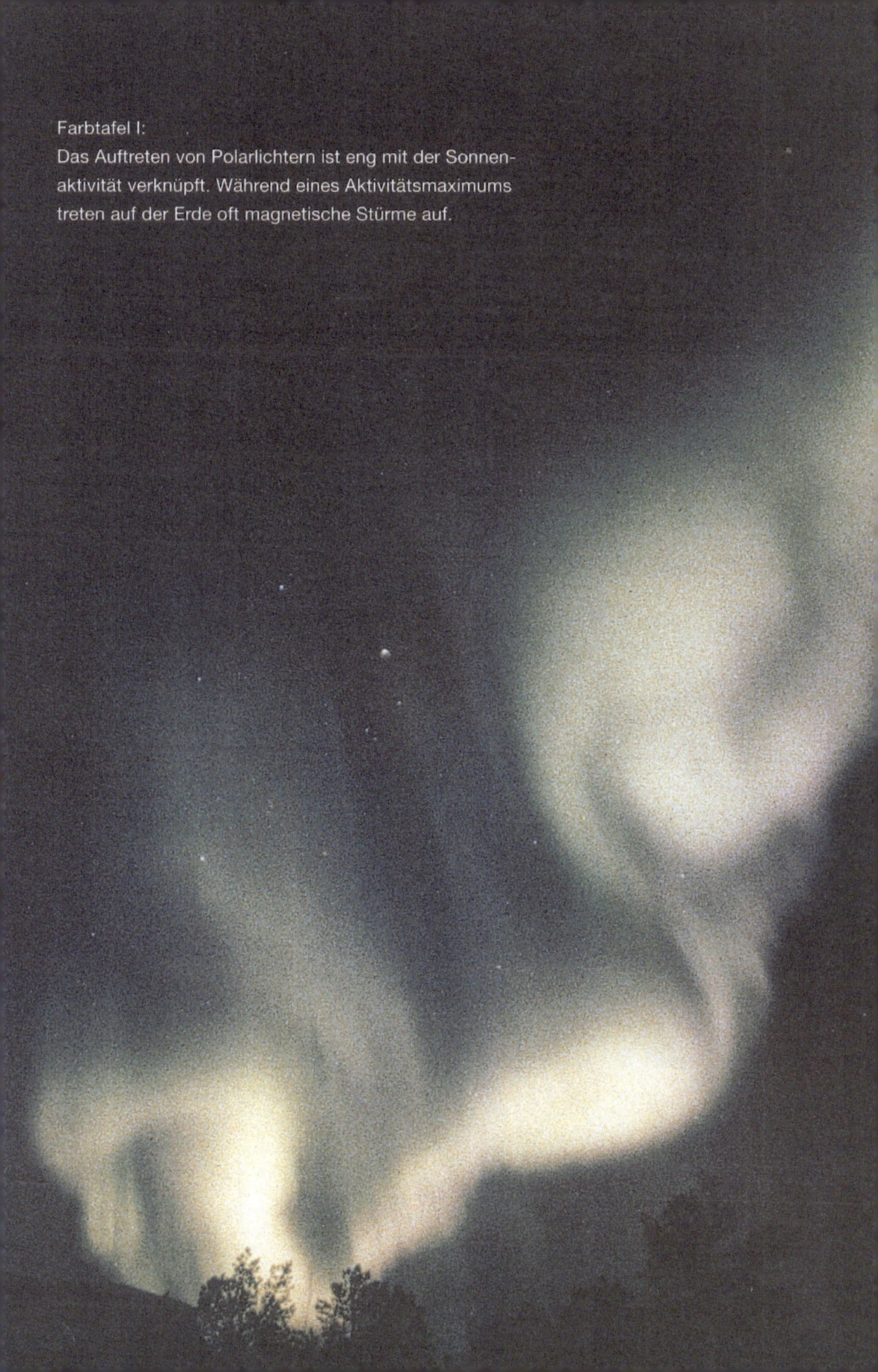

Farbtafel I:
Das Auftreten von Polarlichtern ist eng mit der Sonnenaktivität verknüpft. Während eines Aktivitätsmaximums
treten auf der Erde oft magnetische Stürme auf.

Farbtafel II (oben):

Sonnenhöchststände Januar–Dezember

Das Bildpanorama der Sonne zeigt von links nach
rechts jeweils den mittäglichen Sonnenhöchststand um
den 21. eines jeden Monats.

Farbtafel III (unten):
Mondhöchststände Januar–Dezember
Das Bildpanorama des Mondes zeigt die monatlichen
mitternächtlichen Höchststände des Vollmondes. Im
Sommer steht die Sonne am höchsten und der Vollmond am tiefsten. Im Winter sind die Verhältnisse
genau umgekehrt. Die Darstellung ergibt daher zwei
gegenläufige (angenäherte) Sinuskurven.

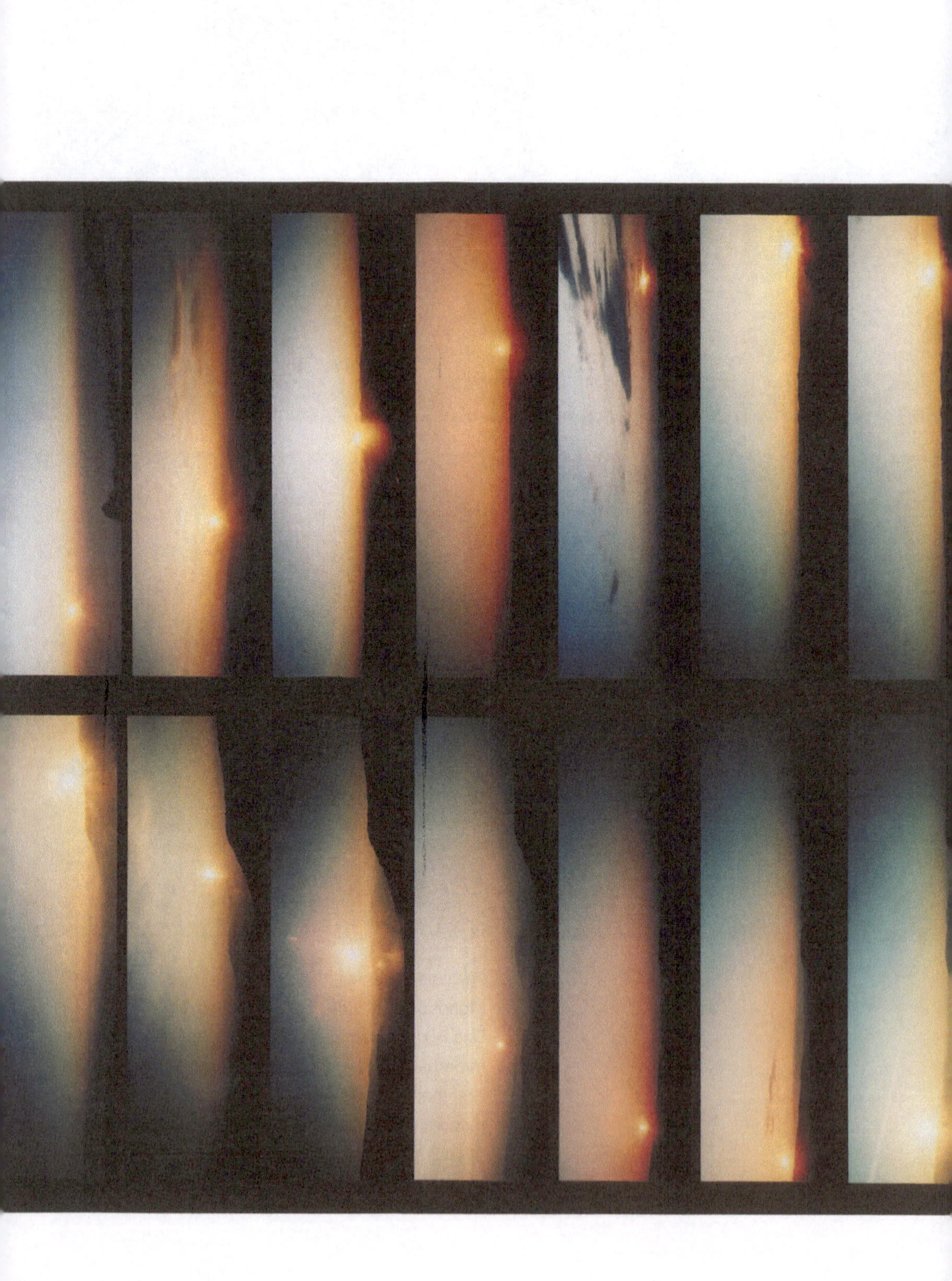

Farbtafel IV:
Sonnenaufgänge von Januar–Dezember (Standort
Rüsler, Kt. Aargau, Schweiz)
Im Lauf der Jahreszeiten ändert sich auch die Him-
melsrichtung der Sonnenauf- und -untergänge. Im
Sommer geht die Sonne im Ostnordosten auf, im
Frühling und Herbst erhebt sie sich im Osten und am
Winteranfang im Ostsüdosten.

Farbtafel V:
Sonnenuntergänge von Januar–Dezember (Standort
Heitersberg, Kt. Aargau, Schweiz)
Am Sommeranfang geht die Sonne im Westnordwe-
sten unter. Im Frühling und Herbst versinkt sie im
Westen und am Winteranfang im Westsüdwesten.
Auch hier ergeben sich über das Jahr hindurch zwei
zueinander gegenläufige (angenäherte) Sinuskurven.

Sonnenaufgänge (morgens)	Vollmondaufgänge (abends)
(Standort Rüsler, Kt. Aargau, Schweiz)	(Standort Rüsler, Kt. Aargau, Schweiz)

Farbtafel VI:

Die Vollmondaufgänge «laufen umgekehrt» zu den Sonnenaufgängen. Der Wintervollmond erreicht den größten Höchststand, deshalb geht er im Ostnordosten auf, die Wintersonne hingegen im Ostsüdosten. Im Frühling und Herbst gehen Sonne und Mond ziemlich genau im Osten auf, im Sommer geht der Mond im Ostsüdosten auf und die Sonne im Ostnordosten.
Der Wintervollmond geht im Westnordwesten unter, die Wintersonne im Westsüdwesten. Der Sommervollmond geht im Westsüdwesten unter, die Sommersonne dagegen im Westnordwesten.

| Sonnenuntergänge (abends) | Vollmonduntergänge (morgens) |
| (Standort Heitersberg, Kt. Aargau, Schweiz) | (Standort Heitersberg, Kt. Aargau, Schweiz) |

Farbtafel VII:

Die Gegenüberstellung von Sonne und Mond veranschaulicht nochmals die Verläufe der Bahnen. Ungefähr dort, wo die Sonne im Winter aufgeht, geht der Vollmond im Sommer auf, und etwa dort, wo die Sonne im Sommer aufgeht, geht im Winter der Vollmond auf.

Analog dazu geht ungefähr dort, wo die Sonne im Winter untergeht, der Vollmond im Sommer unter und etwa dort, wo die Sonne im Sommer untergeht, im Winter der Vollmond unter. Im Frühling und Herbst sind die Orte der Auf- und Untergänge der beiden Himmelskörper ungefähr gleich.

Farbtafel VIII (oben):

Das Bildpanorama zeigt die Sonnenbahn im Juli am nördlichen Polarkreis. Am längsten Tag des Jahres (21. Juni) geht die Sonne dort nicht mehr unter. Einige Wochen später versinkt sie nachts wieder ein wenig unter dem Horizont und geht nach einer dreistündigen Dämmerung wieder auf, ohne daß es richtig dunkel geworden ist. Befände man sich zu dieser Zeit zum Beispiel am Nordkap, so könnte man die Mitternachtssonne beobachten. Die Sonne sinkt dort zum Horizont ab und steigt wieder an, ohne jedoch zu versinken. Dem Beobachter bietet sich dort genau der Anblick, den man hat, wenn man die drei mittleren Fotos zuhält und die beiden Teile des Panoramas links und rechts der Dämmerung miteinander verbindet.

Farbtafel IX (unten):

An verschiedenen Orten der Erde geht die Sonne zu unterschiedlichen Zeiten auf beziehungsweise unter. Im Sommerhalbjahr geht sie mit zunehmendem Breitengrad später, im Winterhalbjahr früher unter. Das Bildpaar auf der linken Seite wurde am Sommeranfang aufgenommen, das obere Bild jeweils in Nordrhein-Westfalen (Deutschland), das untere im Kanton Aargau (Schweiz). Beide Orte befinden sich ungefähr auf dem gleichen Längengrad, haben jedoch eine um etwa 5° verschiedene Breite. In den nördlicheren Breiten (Bild oben) geht die Sonne im Sommer später unter. Während sie dort noch orangefarben am Himmel steht, ist sie 5 Breitengrade weiter südlich bereits unter dem Horizont. Das rechte Bildpaar zeigt die gleiche Situation am Winteranfang. Jetzt sind die Verhältnisse umgekehrt.

Sonnenaufgang

Diese Mehrfachbelichtungen zeigen die Sonne beim
Auf- beziehungsweise Untergang sowie den zuneh-
menden Rotlichtanteil in Horizontnähe, der durch die
Lichtstreuung in der Erdatmosphäre verursacht wird.

Farbtafel XI:
Sonnenuntergang

Farbtafel XII (oben):
Diese Serie aus neun Bildern zeigt die totale Mondfinsternis vom 9. Februar 1990, die in der Schweiz unter optimalen Bedingungen beobachtet werden konnte. Kurz nach dem Aufgang tauchte der Mond in den Kernschatten der Erde ein. Da er sich nur knapp über dem Horizont befand, war er gelblich gefärbt. In der Phase der totalen Verfinsterung erschien er dunkelrot. Danach zeigte er wieder die gewohnte silberweiße Farbe, da er inzwischen hoch am Himmel stand, und das Licht einen deutlich kürzeren Weg durch die Erdatmosphäre zurückzulegen hatte.

Farbtafel XIII (unten):
Die Bildserie zeigt die totale Mondfinsternis vom 4. April 1996, bei der die Totalität 87 Minuten dauerte. Der Vollmond taucht in den Kernschatten der Erde ein und wird verfinstert. Er wird jedoch dadurch nicht unsichtbar, sondern tiefrot. Die Erdatmosphäre läßt aufgrund ihrer Streuwirkung nur noch rotes Licht in den Kernschattenbereich passieren, was dem Mond seine rötliche Farbe während der Totalität verleiht. Besonders interessant ist die Variation der roten Farbtönung während der gesamten Verfinsterung.

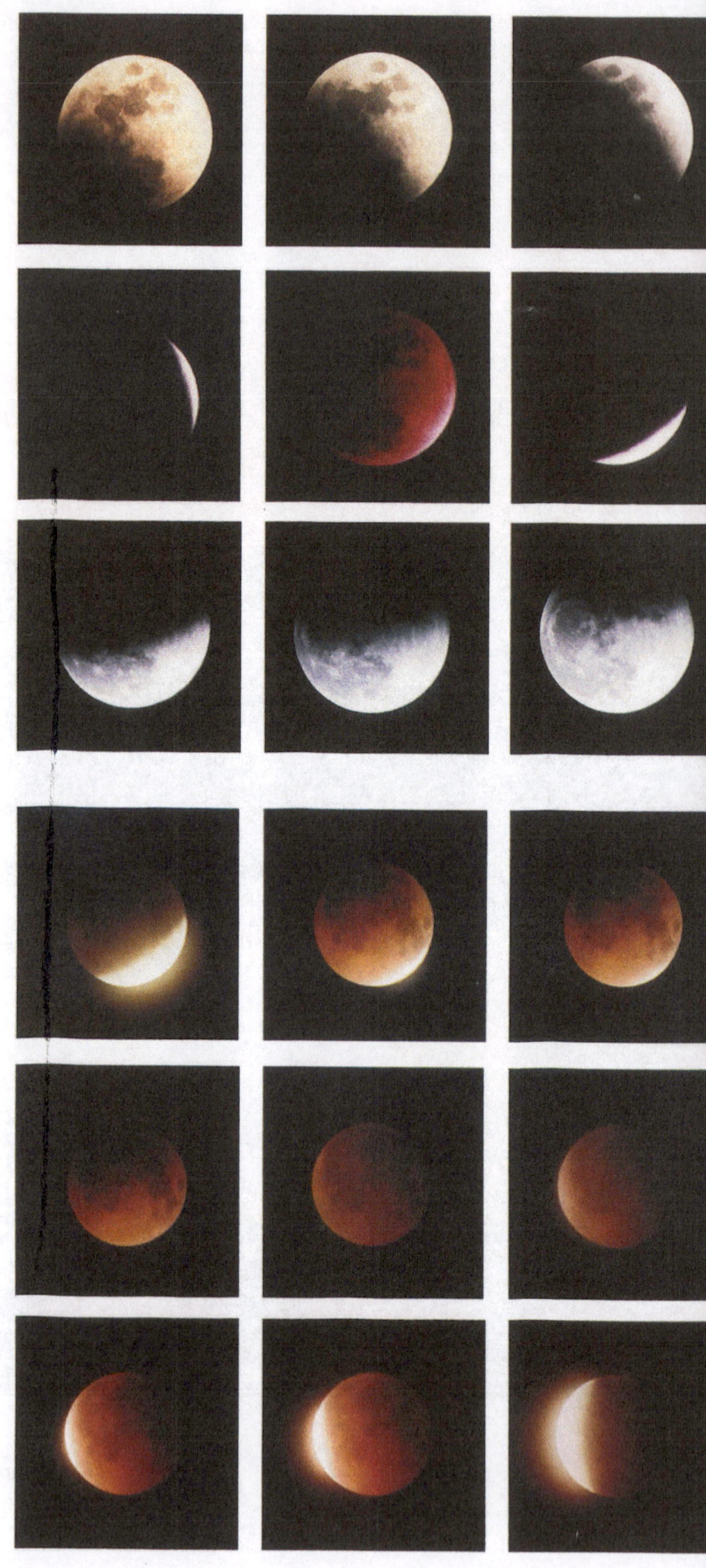

Farbtafel XI:
Sonnenuntergang

Farbtafel XII (oben):
Diese Serie aus neun Bildern zeigt die totale Mondfinsternis vom 9. Februar 1990, die in der Schweiz unter optimalen Bedingungen beobachtet werden konnte. Kurz nach dem Aufgang tauchte der Mond in den Kernschatten der Erde ein. Da er sich nur knapp über dem Horizont befand, war er gelblich gefärbt. In der Phase der totalen Verfinsterung erschien er dunkelrot. Danach zeigte er wieder die gewohnte silberweiße Farbe, da er inzwischen hoch am Himmel stand, und das Licht einen deutlich kürzeren Weg durch die Erdatmosphäre zurückzulegen hatte.

Farbtafel XIII (unten):
Die Bildserie zeigt die totale Mondfinsternis vom 4. April 1996, bei der die Totalität 87 Minuten dauerte. Der Vollmond taucht in den Kernschatten der Erde ein und wird verfinstert. Er wird jedoch dadurch nicht unsichtbar, sondern tiefrot. Die Erdatmosphäre läßt aufgrund ihrer Streuwirkung nur noch rotes Licht in den Kernschattenbereich passieren, was dem Mond seine rötliche Farbe während der Totalität verleiht. Besonders interessant ist die Variation der roten Farbtönung während der gesamten Verfinsterung.

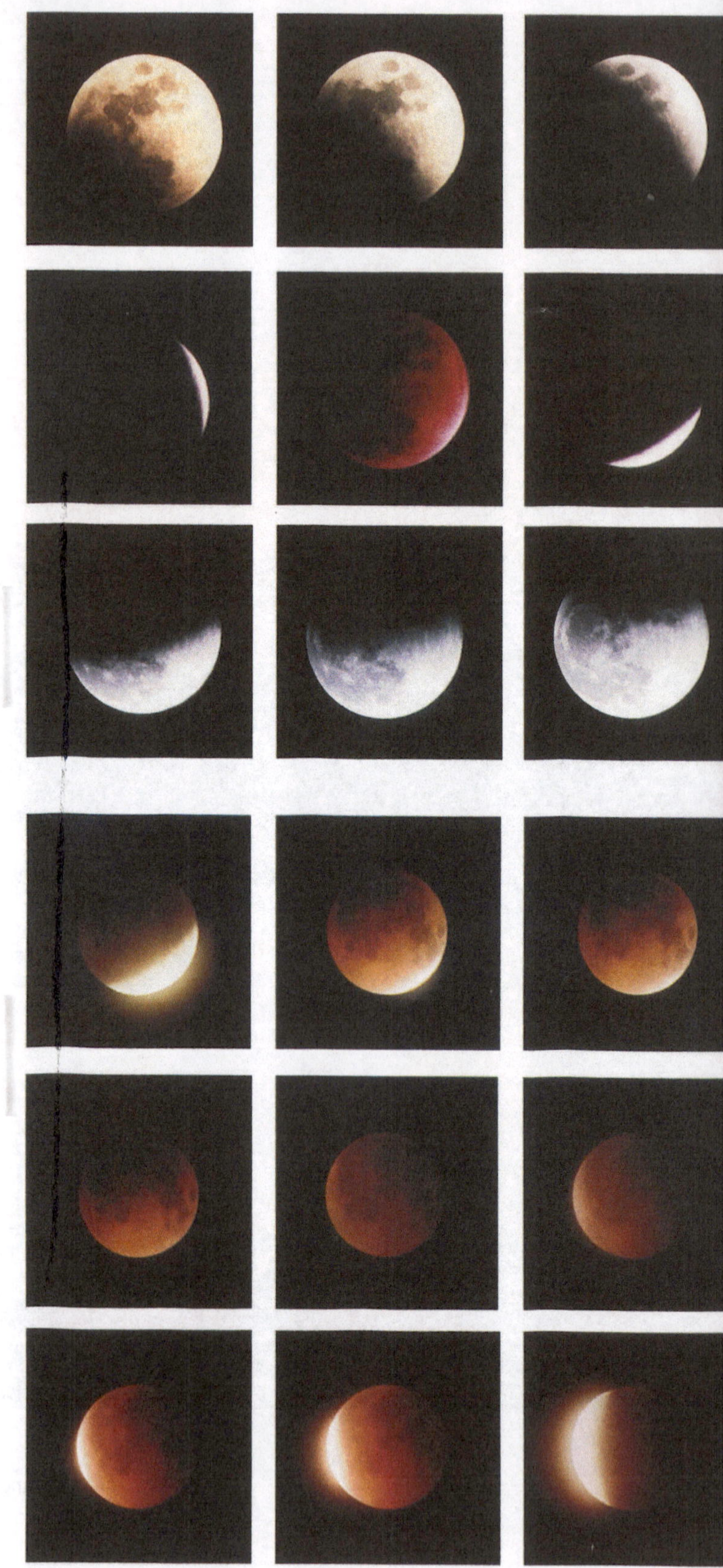

Farbtafel XIV (oben):
Diese Darstellung des Autors zeigt,
wie ein Beobachter auf dem Mond
eine Mondfinsternis erleben würde:
Die Erdkugel verdeckt die Sonne, so
daß die Korona sichtbar wird. Der
rote Kreis um die Erde entsteht durch
die Streuwirkung der Erdatmosphäre,
die praktisch nur rotes Licht passieren läßt. Sie ist die Ursache für die
rötliche Färbung des Mondes
während der Totalität.

Farbtafel XV (unten):
Diese Darstellung des Autors zeigt
den Mond in der Mitte der Totalität
der Finsternis vom 4. April 1996.
Bereits eine knappe halbe Stunde
nach Beginn der Totalität war der
Mond ungewöhnlich dunkel und
schimmerte in spektakulären
Farbtönen, die sehr schnell variier-
ten. Er wurde aschgrau (ähnlich wie durch das Erdlicht kurz vor oder nach Neumond) mit einem
Grünstich. Auf der hellsten Seite (unten) war noch ein zarter Hauch von Rot sichtbar.

Farbtafel XVI:

Diese Bildserie zeigt die totale Mondfinsternis vom 27. September 1996, deren Totalitätsphase 70 Minuten dauerte.

Beim ersten Bild wurde die helle Mondseite «richtig» belichtet. Auf der Mondscheibe wird links die Verdunkelung durch das Eintreten des Mondes in den Kernschatten der Erde sichtbar. Danach wurde die Belichtungszeit auf die verfinsterte Partie des Mondes eingestellt. Beim letzten Bild sind im unteren Bildteil die Schweizer Alpen am Horizont sichtbar (Standort: San Bernadino-Paß). Besonders beeindruckend waren bei dieser Mondfinsternis die Farbvariationen von orange bis kupferfarben. Man beachte den rosafarbenen Saum an der Licht-Schatten-Grenze, der beim dritten Bild sichtbar wird.

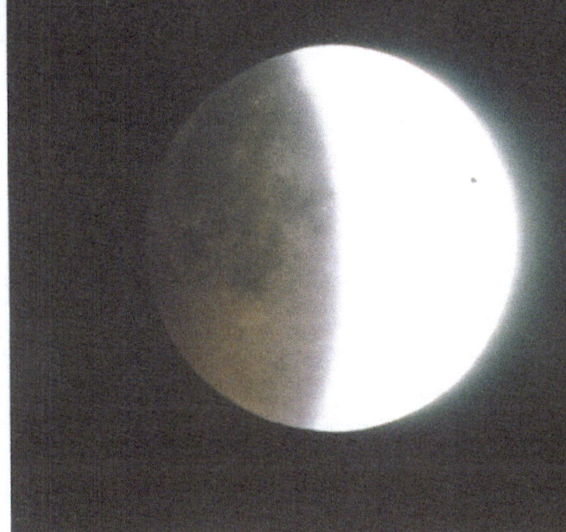

Farbtafel XVII (oben):

Diese beiden Bilder wurden vom gleichen Negativ kopiert. Beim ersten Bild ist die helle Mondsichel «richtig» belichtet, beim zweiten Bild die verfinsterte Mondseite. Die Eindrücke von Farben und Helligkeiten bei einer Mondfinsternis sind sehr subjektiv. Solange der Mond noch nicht gänzlich im Kernschatten der Erde verschwunden ist und deshalb noch ein heller Mondteil zu sehen ist (wie im Bild rechts), sieht das menschliche Auge die dunkle Seite kaum. Erst im Moment der totalen Verfinsterung bekommt es den Eindruck der roten Färbung.

Farbtafel XVIII (unten):

Hier wurde die Mondfinsternis vom 16. September 1997 um 18.09 Uhr von Kriens (Zentralschweiz) aus fotografiert.

Farbtafel XIX:
Diese ringförmige Sonnenfinsternis vom 10. Mai 1994
wurde in Truro, 80 Kilometer
nördlich von Halifax (Kanada),
um 15.58 Uhr Ortszeit aufgenommen.
Der Mond bewegt sich auf
einer elliptischen Bahn um die
Erde. Bei einer ringförmigen
Sonnenfinsternis ist er weit
von der Erde entfernt und
erscheint am Himmel kleiner
als die Sonne. Deshalb
bedeckt er die Sonne nicht
ganz, und die Korona bleibt
unsichtbar.

Farbtafel XX:
In der Schweiz war diese
Sonnenfinsternis als partielle
Verfinsterung sichtbar, die am
Abend ihr Maximum erreichte.
Das Bild wurde am 10. Mai
1994 um 20.28 Uhr bei
Herzogenbuchsee (in der
Schweiz) aufgenommen.

Kapitel 4:
Vagabunden des Weltalls: Meteoriten, Asteroiden, Kometen

Meteore und Meteoriten

Der Volksmund sagt, daß man sich beim Betrachten einer Sternschnuppe etwas wünschen darf, und wenn der Wunsch ausgesprochen oder zu Ende gedacht wurde, bevor die Erscheinung vorbei ist, soll er sogar in Erfüllung gehen. Wer dies schon einmal versucht hat, weiß, daß das gar nicht so leicht ist, denn meistens ist das Aufleuchten von Sternschnuppen nur sehr flüchtig. Sternschnuppen oder Meteore, wie sie auch genannt werden, sind durch kleine Teilchen erzeugte Lichterscheinungen, die in der Erdatmosphäre verglühen. Was man als Sternschnuppe am Himmel wahrnimmt, ist allerdings nicht das glühende Teilchen selbst, sondern der von ihm auf einige tausend Grad erhitzte Luftschlauch, dessen Durchmesser viele Meter betragen kann. Oft sind diese Teilchen nicht größer als ein Staubkorn. Sternschnuppen, die mit bloßem Auge gerade noch erkennbar sind, werden von Staubpartikeln produziert, die nur etwa einen Millimeter groß sind. Ist die Erscheinung besonders groß und hell, wird sie als Feuerkugel bezeichnet. In unserem Sonnensystem existiert eine große Anzahl von kleinen Teilchen, die sich auf Umlaufbahnen um die Sonne bewegen. Im Bereich der Erdbahn haben sie typische Geschwindigkeiten von 15–40 Kilometer pro Sekunde. Da die Erde die Sonne mit einer Geschwindigkeit von etwa 30 Kilometer pro Sekunde umrundet, ergeben sich für die Teilchen Relativgeschwindigkeiten zwischen 12 und 72 Kilometer pro Sekunde.

Diese kosmischen Geschosse sind kleine Trümmer von Kometen, Asteroiden und sonstigen Himmelskörpern. Pro Tag prasseln Tausende davon auf die Erde nieder, wo sie durch die Lufthülle sofort abgebremst werden. Auf dem Mond, der ja keine Atmosphäre

hat, donnern sie ungehindert auf die Oberfläche und übersäen das typische zerfurchte Mondgesicht mit weiteren Kratern.

In einer klaren Nacht kann man im Normalfall etwa zwanzig «sporadische» Sternschnuppen pro Stunde beobachten. Es gibt jedoch auch Zeiten, in denen Meteore gleich scharenweise auftreten – als Meteorströme. Dies ist der Fall, wenn die Erde auf ihrer jährlichen Umlaufbahn um die Sonne kosmische Trümmerwolken durchquert, die Kometen längs ihrer Bahn zurückgelassen haben.

Meteoriten sind Materiebrocken, die bei ihrem Sturz durch die Atmosphäre nicht vollständig verglühen und deshalb bis auf die Erde fallen. Stürzt ein größerer Meteorit auf die Erdoberfläche, kann er einen gewaltigen Krater in den Boden schlagen und Flutwellen und riesige Staubwolken verursachen, die die Erde verdunkeln.

Man nimmt an, daß ein großer Teil der Meteoriten aus dem Asteroidengürtel zwischen Mars und Jupiter stammt, in dem unzählige Gesteinsbrocken um die Sonne kreisen. Durch Kollisionen innerhalb des Gürtels und damit verbundenen Bahnänderungen entsteht ständig neues Meteoritenmaterial, das bei Kreuzung der Erdbahn als Meteorit auf unserer Erde aufschlagen kann. Einige Meteoriten scheinen jedoch auch von unserem Nachbarplaneten Mars zu kommen, andere wiederum stammen vom Mond, wo sie offenbar selbst durch Meteoriten herausgeschleudert wurden. Die meisten von ihnen sind 4,5 Milliarden Jahre alt, und man nimmt heute an, daß dieses Alter die Entstehung der ersten festen Materie in unserem Sonnensystem markiert.

Die Leoniden

Einen der schönsten Sternschnuppenschauer verkörpern die Leoniden, die jedes Jahr Mitte November auf die Erde niederprasseln. Die Sternschnuppen eines Schauers scheinen alle von einem Punkt auszustrahlen, der sich bei den Leoniden im Sternbild Löwe befindet – daher ihr Name. Wenn diese nur höchstens wenige Millimeter kleinen

<

Am 12. Februar 1995 um 22.34 Uhr raste bei einer Mondaufnahme eine sehr helle Sternschnuppe über den Himmel und hinterließ eine Leuchtspur (in der Mitte des rechten Bildrandes). Obwohl die Beobachtungsbedingungen für Sternschnuppen zu dieser Zeit sehr schlecht waren, war dieses Objekt hell genug, um bei fast Vollmond durch eine dünne Wolkendecke hindurch auf einem relativ unempfindlichen Tageslichtfilm eine deutliche Leuchtspur zu hinterlassen!

Diese Darstellung des Autors zeigt das Phänomen des Leonidenschauers. Die Sternschnuppen scheinen alle von einem Punkt im Sternbild Löwe auszustrahlen. In der Astronomie heißt dieser Punkt Radiant. Dies ist ein rein perspektivischer Effekt – ähnlich demjenigen, der auftritt, wenn man im Auto durch fallende Schneeflokken fährt. Auch in diesem Fall scheinen die Schneeflokken alle von einem Punkt vor dem Beobachter auf ihn zuzufliegen. Der Radiant liegt also in «Fahrtrichtung» der Erde.

Körnchen mit einer Geschwindigkeit von über 70 Kilometer pro Sekunde in die Erdatmosphäre eintauchen, werden sie von der Reibung mit der Lufthülle bis zur Weißglut aufgeheizt und hinterlassen beim Verglühen eine Leuchtspur in etwa 80 Kilometer Höhe. Die Leoniden sind Auflösungsprodukte des 1866 entdeckten Kometen Tempel-Tuttle. In den Jahren 1799, 1833, 1866 und 1966 kam es zu besonders prächtigen Schauern. Eine erhöhte Schauertätigkeit ist alle 33,2 Jahre zu erwarten, wenn nämlich der Erzeugerkomet wieder in die Nähe von Sonne und Erde zurückkehrt und die Trümmerwolke daher besonders dicht ist. Älteste Aufzeichnungen des Leonidenschauers stammen bereits aus dem Jahr 902.

Da der Komet Tempel-Tuttle mit entgegengesetztem Drehsinn um die Sonne läuft wie die Erde, rasen die Teilchen im Kreuzungspunkt mit enormen Geschwindigkeiten von bis zu 250 000 Kilometer pro Stunde (entspricht etwa 70 Kilometer pro Sekunde) auf die Erde zu. Die Erdatmosphäre hält diese kleinen, sehr schnellen Krümel problemlos ab. Für die Satelliten jedoch, die sich außerhalb der Lufthülle unserer Erde befinden, wirken sie sich wie eine Gewehrkugel aus, denn bei dieser enormen Geschwindigkeit besitzt ein Leonidenteilchen mit einer Masse von nur 30 Milligramm und einem typischen Durchmesser von etwa 2 Millimetern die gleiche Bewegungsenergie wie eine 180 Kilogramm schwere Kugel, die mit 100 Kilometer pro Stunde durch die Gegend fliegt. Wahrscheinlich verstummte der europäische Fernmeldesatellit «Olympus» 1993, weil er von einem kosmischen Geschoß getroffen wurde. Aus Angst vor einem solchen Treffer führte die NASA zur Zeit des letzten Leonidenschauers im November 1998 keinen Space-Shuttle-Flug durch, und das Weltraumteleskop Hubble wurde während dieser Zeit in eine möglichst risikoarme Position gebracht. Die russische Raumstation «Mir» dagegen überstand den Leonidenschauer unbeschadet. Die beiden Kosmonauten, die sich während der aktivsten Zeit in einem besonders sicheren Teil der Station befanden, berichteten, sie hätten von den Leoniden nur wenig bemerkt.

Beim letzten großen Leonidenschauer im Jahre 1966 wurden bis zu 150 000 Sternschnuppen pro Stunde gezählt. Nachdem der Leonidenschauer 1998 nicht so stark ausgefallen ist wie erwartet, wird im November 1999 noch einmal mit einer erhöhten Tätigkeit gerechnet. Das Maximum des Sternschnuppenregens wird für die Nacht vom 16. auf den 17. November 1999 erwartet.

Das Zodiakallicht – interplanetarer Staub

Neben den größeren Himmelskörpern gibt es in unserem Sonnensystem auch feinen interplanetaren Staub, der sich vor allem in der Ebene der Ekliptik befindet. Diese «Staubscheibe» kann zu gewissen Jahreszeiten in mondlosen Nächten als fahle Lichtpyramide am Horizont sichtbar werden (s. Farbtafel XXXI).

Nach der Abenddämmerung wird das Zodiakallicht als schwache Lichtpyramide sichtbar. Rechts im Bild befindet sich der Komet Hale-Bopp.

Das Zodiakallicht (von Zodiak: Tierkreis) zeigt sich dann als schwacher Lichtkegel längs der Ekliptik. In unseren Breiten ist es nur an klaren, mondlosen Frühlingsabenden nach der Dämmerung oder an Herbstmorgen vor der Dämmerung zu sehen. Deshalb wird es im Volksmund auch als «falsche Dämmerung» bezeichnet. Auf der südlichen Halbkugel sind die Verhältnisse umgekehrt.

Der Grund für die beschränkte Sichtbarkeit liegt in der veränderlichen Lage der Ekliptik zum Horizont. Nur wenn der Winkel zwischen Ekliptik und Horizont groß genug ist, ist das Zodiakallicht beobachtbar. Wegen der Neigung der Erdachse ist dies bei uns nur in Frühlings- und Herbstnächten der Fall. In den Tropen, wo die Ekliptik praktisch immer senkrecht zum Horizont steht, ist der Lichtkegel am besten zu beobachten.

Das Zodiakallicht ist Sonnenlicht, das an den mikrometergroßen interplanetaren Staubpartikeln gestreut wird. Die Wechselwirkung mit der Sonnenstrahlung und dem Sonnenwind verleiht diesen Teilchen eine positive elektrische Ladung von einigen Volt. Deshalb kann nach starken Sonneneruptionen das Zodiakallicht heller werden. Abgesehen vom Mondlicht und den Polarlichtern, bildet das Zodiakallicht die hellste Komponente des Himmellichtes in der Nacht.

Asteroiden

Zwischen den Bahnen von Mars und Jupiter befindet sich eine Zone, in der bis zu mehrere hundert Kilometer große Gesteins- und Eisenbrocken ihre Bahnen um die Sonne ziehen – die Asteroiden. Wahrscheinlich handelt es sich hierbei um die Trümmer größerer Objekte, die sich aufgrund des gravitativen Einflusses des Riesenplaneten Jupiter jedoch nie zu einem großen Planeten vereinigen konnten. Einige von ihnen wurden durch Jupiter vermutlich auf stark exzentrische Bahnen gelenkt, die die Bahnen der inneren Planeten, also auch die der Erde, kreuzen. Etwa 160 davon könnten für die Erde möglicherweise einmal gefährlich werden.

Während die kleineren Meteore und Feuerkugeln ungefährlich sind, da sie in der Erdatmosphäre verglühen, können größere Brocken durchaus die Erdoberfläche erreichen und Verwüstungen anrichten. Im Durchschnitt trifft jährlich ein größeres Objekt von etwa 30 Metern Durchmesser auf die Erde, das als Feuerkugel in der Atmosphäre erscheint und zum Teil verglüht. Dabei wird eine Energie freigesetzt, die etwa mit derjenigen der Atombombe von Hiroshima vergleichbar ist. Dennoch stürzte 1908 ein Meteorit über Sibirien ab und verwüstete bei seiner Explosion eine Waldfläche von tausend Quadratkilometern.

Nach heutigen Schätzungen trifft etwa alle 30 000 Jahre ein riesiger Meteorit von bis zu 300 Metern Größe auf die Erde. Solche Einschläge sind zwar noch lokal begrenzt, können im Einschlagsgebiet jedoch immense Schäden anrichten. Etwa alle 500 000 Jahre stürzt ein kilometergroßer Meteorit zur Erde. Ein solches Ereignis würde bereits eine globale Katastrophe auslösen.

So traf vor 65 Millionen Jahren ein riesiges kosmisches Geschoß die Erde. Ein Zehn-Kilometer-Brocken stürzte auf die Halbinsel Yucatan im Süden Mexikos und hinterließ einen Krater von rund 180 Kilometern Durchmesser. Man glaubt heute, daß die gigantische Staubwolke, die bis in die Stratosphäre gewirbelt wurde, einen globalen Winter auslöste, dem schließlich fast alles Leben auf der Erde – die Dinosaurier eingeschlossen – zum Opfer fiel. Vor 65 Millionen Jahren führte also die Kollision eines Meteoriten mit der Erde zu einem katastrophalen Massensterben.

Die Erde wird weiterhin regelmäßig von Trümmern aus dem All bombardiert. Fast alle werden jedoch in der Erdatmosphäre abgebremst, und wir sehen sie höchstens für Sekunden als Sternschnuppen. Was für Folgen das Fehlen einer Atmosphäre bei einem Himmelskörper hat, zeigen uns der Erdmond und der innerste Planet Merkur. Beides sind tote Wüsten mit einer sehr dichten Kraterlandschaft, die von vielen ungebremsten Meteoriteneinschlägen erzeugt wurde. Was passiert aber, wenn ein Meteorit auf unseren Planeten stürzt, der zu groß ist, um in der Atmosphäre zu verglühen? Einige Krater auf der Erde zeugen noch heute von solchen Ereignissen. Auch der geheimnisvolle Feuerball, der am 30. Juni 1908 über Sibirien explodierte und eine Energie von rund 30 Millionen Tonnen des Sprengstoffes TNT freisetzte, dürfte ein solches Objekt gewesen sein. Diese Verwüstungen zeigen, daß hin und wieder tatsächlich ein größeres Objekt aus dem Kosmos auf die Erde prallt.

Kometen

Kometen haben einen Kern von mehreren Kilometern Durchmesser, bestehend aus Wassereis, verschiedenen gefrorenen Gasen sowie mineralischen Partikeln und Kohlenstoffverbindungen. Sie werden oft als «schmutzige Schneebälle» bezeichnet, da sie ausreichende Mengen an rußigem Staub enthalten, um dunkel wie Holzkohle zu sein. Wenn sich ein Komet der Sonne nähert, steigt die Temperatur auf der Oberfläche des Kometenkerns, und das Eis beginnt zu verdampfen. Die entweichenden Gase reißen dabei größere und kleinere Staubteilchen mit, wodurch sich eine Gas- und Staubwolke um den Kern bildet – die Koma. Diese dichte Hülle hat einen Durchmesser von einigen hunderttausend Kilometern. Die Koma bildet mit dem Kern zusammen den Kopf des Kometen. Bei weiterer Annäherung an die Sonne beginnt ein Schweif aus Gas und Staub auszuströmen, der eine Länge von bis zu 100 Millionen Kilometern erreichen kann. In Sonnennähe entweichen pro Sekunde tonnenweise Staub und Gas, deshalb ist der Schweif dort am prächtigsten ausgebildet. Die festen Partikel, die durch den Strahlungsdruck der Sonne sozusagen weggepustet werden, bilden den Staubschweif, der meistens gekrümmt und relativ breit ist. Die Sonnenstrahlung ionisiert die Gasteilchen des Kometen, so daß sie vom elektrisch geladenen Sonnenwind mitgerissen werden. Daher entsteht ein zweiter, gerader und schmalerer Schweif, der genau von der Sonne weggerichtet ist. Dieser hat im Unterschied zum weißen Staubschweif eine bläuliche Färbung. Die blaue Farbe hat eine ähnliche Ursache wie Gas in einer Leuchtstoffröhre, und das Phänomen ist vom Prinzip her verwandt mit den Nordlichtern – durch den Sonnenwind wird das Gas des Kometen ionisiert und zum Leuchten angeregt (vgl. die Farbtafel XXVIII).

Die Heimat der Kometen

Jan Hendrik Oort, ein niederländischer Astronom, stellte 1950 die Theorie auf, daß weit außerhalb der Planetenbahnen ein riesiges Reservoir an Kometenkernen existiere, das locker an die Gravitation der Sonne gebunden sei. Seit seiner Pionierarbeit sind die Bahnen der verschiedensten Kometen berechnet worden, um auf ihren Herkunftsort zu schließen. Die Schlußfolgerungen blieben dieselben: Die meisten langperiodischen Kometen kommen aus einem Bereich, der etwa 50 000mal so weit entfernt ist wie die Erde von der Sonne – also rund ein Lichtjahr. Oort vermutete dort die Existenz einer riesigen kugelschaligen Kometenwolke, die die Sonne in dieser großen Entfernung umrundet. Sie wird heute Oortsche Wolke genannt. Die meisten der Kometen bewegen sich dort auf nahezu kreisförmigen Bahnen um die Sonne und bleiben deshalb normalerweise unserem Sonnensystem fern. Oort vermutete jedoch, daß die Sonne in ihrer Bewegung um das Zentrum der Milchstraße anderen Sternen oder großen interstellaren Materiewolken gelegentlich so nahe kommt, daß diese in der Kometenwolke eine Gravitationsstörung bewirken können, die einige der Eisbrocken in Richtung Sonne treibt. Ein solcher von seiner Bahn abgelenkter Kometenkern stürzt also ins Innere des Sonnensystems, wobei er der Sonne so nahe

kommen kann, daß er für uns als langperiodischer Komet sichtbar wird.

Man schätzt heute die Zahl der Kometenkerne in der Oortschen Wolke auf etwa eine Billion. Sie benötigen Tausende oder sogar Millionen von Jahren, um von ihr bis zu uns zu gelangen.

Oben: Hale-Bopp war so markant, daß auch das helle Mondlicht seine Erscheinung nicht verblassen ließ.

<

Der Komet Hale-Bopp war eine sehr beeindruckende Erscheinung am Himmel. Das Bild zeigt den Kometenschweif über dem Berg Pilatus (Zentralschweiz). Der Kometenkopf ist bereits hinter ihm verschwunden.

Woher aber kommen sie? Zunächst glaubte man, daß auch die kurzperiodischen Kometen aus dieser Wolke stammten. Man vermutete, daß ihre anfangs langgestreckten Bahnen von den großen Planeten so beeinflußt würden, daß sie in eine Umlaufbahn um die Sonne einschwenkten, deren Periodendauer 200 Jahre oder kürzer war. Dies mag auch für viele kurzperiodische Kometen tatsächlich zutreffen. Aufgrund der beobachteten geringen Bahnneigungswinkel und der Umlaufrichtung, die häufig mit der der Planeten übereinstimmt, kam man jedoch zu dem Schluß, daß es für diese Objekte noch ein zweites Reservoir geben müsse. Man geht heute davon aus, daß es jenseits der Neptunbahn einen Materiegürtel gibt, in dem Kometenkerne und Planetoiden im sogenannten Kuiper-Gürtel kreisen. Gelangen die Kometen durch den Einfluß der größeren Planeten in Sonnennähe, nehmen sie ihre «Kometentätigkeit» auf und können von uns als kurzperiodische Kometen beobachtet werden.

Die Kometen entstanden etwa vor 4,8 Milliarden Jahren zusammen mit unseren Planeten. Für die Wissenschaftler sind sie äußerst interessante Objekte, da sie gewissermaßen Fossilien aus der Entstehungszeit unseres Sonnensystems sind, die in einer Art kosmischem Tiefkühlschrank aufbewahrt wurden. Deshalb wollen europäische Wissenschaftler ein Landegerät auf dem Kometen Wirtanen absetzen und ihn anbohren. Der Start wird voraussichtlich am 21. Januar 2003 erfolgen, und die Reise zum rund 450 Millionen Kilometer entfernten Kometen wird etwa 9 Jahre dauern. Bereits im Jahr 2006 plant die NASA jedoch den Kometen Tempel 1 anzubohren.

Der Halleysche Komet

Der Halleysche Komet wurde nach dem englischen Astronomen Edmond Halley benannt, der um 1700 erkannte, daß dieser Himmelskörper die Sonne auf einer langgezogenen elliptischen Bahn in rund 76 Jahren einmal umkreist. Daher konnte er seine Rückkehr richtig für das Jahr 1758 voraussagen. Heute weiß man, daß die erste historisch belegte Beobachtung dieses Kometen aus dem Jahr 240 v. Chr. stammt. Seit dieser Zeit ist er 29mal in das innere Sonnensystem zurückgekehrt. Der Halleysche Komet ist heute schon fast zu einer Legende geworden, und seine Bahn ist sehr genau bekannt. Bei seiner letzten Rückkehr im Jahre 1986 wurde er von einer ganzen Flotte von Raumsonden genau untersucht. Danach ist der Kometenkern ein kompakter, unregelmäßig geformter Körper von etwa 15 Kilometer Länge und rund 8 Kilometer Breite; er sieht also ein bißchen so aus wie eine überdimensionale Kartoffel. Der Kern dreht sich um seine eigene Achse, und seine Oberfläche ist zum Teil schwärzer als

Kohle. In der Nähe der Sonne verlor der Komet pro Sekunde mehr als 60 Tonnen Wasserdampf, Gase und Staub. Dies ergibt einen Materialverlust von 5 Millionen Tonnen pro Tag. Die sowjetischen Sonden Vega 1 und 2 und die westeuropäische Sonde Giotto flogen nahe am Kometenkern vorbei und konnten dabei wichtige Daten sammeln. Danach strömen von einigen Stellen, die von der Sonne beschienen werden, Gase mit einer Geschwindigkeit von mehreren Kilometern pro Sekunde aus und reißen dabei Staubpartikel mit. Die leichten und feinen Partikel entweichen in die Koma und in den Schweif, die schwereren Partikel mit einem Gewicht von mehr als 0,1 Gramm fallen wieder auf die Oberfläche zurück und bilden dort eine dunkle Staubschicht. Die Gesamtmasse des Kometen Halley beträgt etwa 300 Milliarden Tonnen. Aufgrund des beobachteten Materialverlustes schätzt man die Lebensdauer des Halleyschen Kometen in seiner jetzigen Bahn auf etwa tausend Umläufe. Bei jedem Sonnenumlauf verliert der Komet etwa eine einen Meter dicke Schicht. Die nächste sonnennahe Passage wird der Halleysche Komet im Jahr 2061 durchlaufen.

Ein Komet kollidiert mit Jupiter

In der Zeit vom 16. bis zum 22. Juli 1994 kollidierten 21 Trümmer des Kometen Shoemaker-Levy 9 mit einer Geschwindigkeit von 200 000 Stundenkilometern mit dem Planeten Jupiter und zerbarsten in gewaltigen Explosionen. Die verschiedenen Kometenteile, die nacheinander auf den Planeten stürzten, erzeugten in seiner Atmosphäre gigantische Rauchpilze und Löcher, die zum Teil einen Durchmesser ähnlich dem der Erde aufwiesen. Jupiter ist der größte Planet in unserem Sonnensystem. Ein gigantischer Gasriese, der einen über elffachen Erddurchmesser besitzt, jedoch nur rund ein Viertel der Dichte der Erde aufweist. Da man Bereiche in solchen Entfernungen erst, seitdem es das Hubble-Weltraumteleskop gibt, genauer beobachten kann, ist es schwierig zu sagen, wie oft eine Kollision eines Kometen oder Asteroiden mit einem Planeten in den letzten 1000 oder 10 000 Jahren stattgefunden hat (s. Farbtafel XXVI).

Die ungeheure Größe von Jupiter und die damit verbundene immense Masse läßt aber vermuten, daß er schon oft kosmische Trümmer angezogen hat. Als «kosmischer Staubsauger» dürfte er bereits manchen Kometen oder Meteoriten verschluckt haben, ohne selber

größeren Schaden zu erleiden. Gleichzeitig hat er damit die Erde vor
einer Kollision mit diesen kosmischen Vagabunden bewahrt.

Kosmischer Eingriff in die Evolution

Heute glaubt man, daß vor 65 Millionen Jahren, am Ende der Kreidezeit, ein Asteroid von etwa 10 Kilometern Durchmesser auf die Erde
stürzte und ein Massensterben von Lebewesen auslöste, das unter
anderem die Existenz der Dinosaurier beendete. Würde das Ereignis,
das 1994 auf Jupiter stattfand, auf unserer Erde passieren, hätte dies
zweifellos katastrophale Folgen. Die größten Trümmer des Kometen
Shoemaker-Levy 9 hatten einen Durchmesser von bis zu 4 Kilometern. Ein Trümmerstück, das lediglich einen Kilometer Durchmesser
hat, würde bei einer Geschwindigkeit von 200 000 Kilometern in der
Stunde eine Energie von 240 Milliarden Tonnen TNT oder 12 Millionen Hiroshima-Atombomben freisetzen. Ein großer Kometen- oder
Meteoriteneinschlag auf der Erde hätte also ähnliche Folgen wie ein
nuklearer Krieg: neben den unmittelbaren Zerstörungen durch den
Einschlag, Verdunkelung des Himmels und damit sinkende Temperatur (nuklearer Winter), radioaktive Verseuchung, Zerstörung der
Ozonschicht sowie eine große Produktion von Stickoxiden, die als
saurer Regen ausgewaschen und danach die Böden und Ozeane ver-
giften würden. Ein solches Szenario könnte vor 65 Millionen Jahren
zum Aussterben der Dinosaurier geführt haben. Der ökologische Kol-
laps am Ende der Kreidezeit brachte die Vernichtung eines großen
Teils der damaligen Lebensformen mit sich. Gleichzeitig aber schuf
dieses Ereignis ganz neue Ausgangsbedingungen auf unserem Planeten Erde – Bedingungen, die zu den heutigen Lebensformen führten.

Der Große Rote Fleck – Relikt eines Meteoriteneinschlags?

Seit es Fernrohre gibt, konnte man in der sehr turbulenten Jupiterat-
mosphäre ein äußerst langlebiges Gebilde beobachten – den «Großen
Roten Fleck». Vor den Kameras der Voyager-Raumsonde entpuppte er
sich als gigantischer Wirbel mit mehr als zweifachem Erddurchmesser. Eingeschlossen von einem westwärts gerichteten Wind an seiner
Nordkante und einem ostwärts gerichteten Wind im Süden, rotiert
das riesige elliptische Wolkensystem im Gegenuhrzeigersinn. Das

Rätsel seiner Entstehung ist ebenso ungelöst wie sein immerwähren-
des mehr oder weniger unveränderliches Vorhandensein. Computer-
simulationen haben ergeben, daß Gebilde wie der Große Rote Fleck in
bestimmten Breiten eine sehr große Stabilität aufweisen. Diese Simulationen gehen aber davon aus, daß sie bereits vorhanden sind. Wie
aber entstehen sie? Möglicherweise war die «Initialzündung» zur Entstehung des Großen Roten Flecks ein Meteoriteneinsturz, der einen
gigantischen Wirbel verursachte, welcher durch die gewaltige Rotationsenergie und die entsprechenden atmosphärischen Strömungen
des Jupiter bis heute am Leben erhalten wurde.

Auch auf dem Planeten Neptun wurde ein ähnlicher Wirbel entdeckt, der «Große Dunkle Fleck». Er hat einen erdgroßen Durchmesser, und seine Entstehung ist ebenso unklar.

Die Kollision von Shoemaker-Levy 9 mit Jupiter bot nicht nur
ein spektakuläres kosmisches Feuerwerk, sondern zeigte uns auch
ganz deutlich, daß wir mit unseren Nachbarn im Sonnensystem ver-
netzt sind. Die Anziehung oder Ablenkung eines Himmelskörpers
durch die äußeren Planeten kann unsere Erde vor den gravierenden
Folgen einer schweren Kollision bewahren. Wie viele geheimnisvolle
Zusammenhänge mag es wohl noch außerhalb unseres Sonnensystems geben, die das Leben auf unserem Planeten bisher schon beeinflußten?

Von künstlichen Satelliten zu Raumstationen

Blickt man in einer klaren, mondlosen Nacht zum Himmel, kann man
hin und wieder einen «fliegenden Stern» sehen, einen Lichtpunkt, der
sich mit einer bestimmten Geschwindigkeit über den Nachthimmel
bewegt. Solche Lichtpunkte sind künstliche Satelliten, die unseren
Erdball umkreisen. Obwohl es heute unzählige gibt und laufend neue
dazu kommen, existierte noch vor einem halben Jahrhundert kein
einziges dieser Objekte im Weltraum, denn das «eigentliche Raum-
fahrtzeitalter» begann erst 1957.

Am 4. Oktober 1957 brachte die Sowjetunion den ersten künstli-
chen Satelliten – «Sputnik 1» – in eine Erdumlaufbahn. Die kleine Sil-
berkugel funkte drei Wochen lang über ihre Spinnenbeinantennen
Signale zur Erde – Piepstöne, die sogar von Funkamateuren abgehört
werden konnten. Am 3. November 1957 flog mit dem zweiten russi-
schen Sputnik zum ersten Mal ein Lebewesen in den Weltraum. Die

Die Raumstation Mir fliegt in den Abendhimmel und hinterläßt eine Leuchtspur.

Hündin «Laika» war an Bord dieses Satelliten. Sie muß nach dem Start infolge der sich entwickelnden großen Hitze jedoch ziemlich schnell umgekommen sein. Am 1. Februar 1958 schickten die Amerikaner ihren ersten Satelliten «Explorer 1» in den Weltraum. Am 12. April 1961 brachten die Russen zum ersten Mal einen Menschen ins All, den Kosmonauten Juri Gagarin. Danach starteten die USA das «Apollo-Programm», das zum Ziel hatte, die ersten Menschen auf den Mond und wieder sicher zur Erde zurückzubringen. Tatsächlich hinterließ schließlich die Besatzung der «Apollo 11» am 21. Juli 1969 die ersten menschlichen Fußabdrükke auf dem Mond. In den 70er Jahren kreiste das amerikanische Weltraumlabor «Skylab» um die Erde, das seine Dienste inzwischen längst vollbracht hat und in der Erdatmosphäre verglüht ist.

Farbtafel XXI (oben):
Der Komet Hyakutake raste
im März 1996 an der Erde mit
einem Tempo von etwa
220000 Stundenkilometern
vorbei. Gut sichtbar ist der
Kometenkopf sowie der lange,
jedoch sehr transparente
Schweif.

Farbtafel XXII (links):
Diese Aufnahme von Hyakutake
entstand einen Tag später.

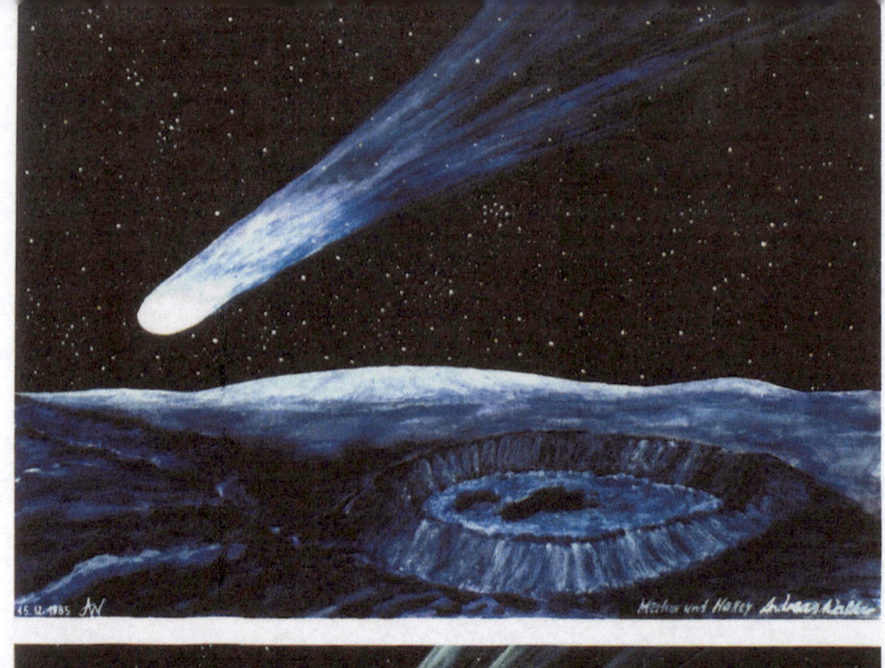

Farbtafel XXIII (oben):

Der berühmte Komet Halley, der alle 76 Jahre in unser inneres Sonnensystem gelangt, besuchte uns zuletzt 1985/86. Infolge der großen Entfernung, in der der Komet die Erde passierte, war er für uns nicht gut zu sehen. Vom Planeten Merkur aus dürfte seine Erscheinung wesentlich spektakulärer gewesen sein.

Farbtafel XXIV (unten):

Sehr kurze Zeit vor dem sonnennächsten Punkt seiner Bahn passierte der Halleysche Komet den Planeten Venus. Daher war er zu diesem Zeitpunkt sehr schön entwickelt. Venus geriet jedoch nicht in den Schweif des Kometen, da dieser um 16° zu ihrer Bahn geneigt war und deshalb über den Planeten hinwegzog.

(Darstellungen des Autors)

Farbtafel XXV:

Der Giotto-Satellit im Anflug auf den Kometen Halley (Fotomontage).

Farbtafel XXVI (oben):

Kollision von Kometentrümmern mit Jupiter; die dunklen Flecken sind die Einschlagstellen der Kometentrümmer von Shoemaker-Levy 9.

Farbtafel XXVII (unten):

Die dreistündige Belichtung läßt den Kometen Hale-Bopp als «diffusen Stern» erscheinen, der zu dieser Zeit in unseren Breiten eine zirkumpolare Bahn hatte, d.h. er ging gar nicht unter.

Farbtafel XXVIII:

Deutlich ist hier der weiße Staubschweif von Hale-Bopp aus festen Partikeln zu sehen, der gekrümmt und relativ breit ist. Die Sonnenstrahlung ionisiert die ausströmenden Gasteilchen des Kometen und deshalb entsteht ein zweiter, gerader, Schweif, der genau von der Sonne weggerichtet ist und eine blaue Farbe aufweist.

Farbtafel XXIX:

Anfang Mai 1997 war der Komet Hale-Bopp in der Abenddämmerung zu sehen. Die Aufnahme zeigt das Städtchen Zug in der Zentralschweiz mit dem Kometen am Abendhimmel.

Farbtafel XXX:

Etwa am 20. Mai 1997 verschwand der Komet Hale-Bopp für die Bewohner der Nordhalbkugel endgültig, da er die Ebene der Erdbahn passierte.

Hale-Bopp war ein Himmelskörper, der vor der Jahrtausendwende an unserer Welt vorbeiflog und eine menschliche Kultur antraf, die mitten in einer hochtechnisierten Entwicklung steckt. Was wird Hale-Bopp wohl auf unserer Erde antreffen, wenn er sie in 2500 Jahren wieder besucht?

Farbtafel XXXI (oben):
Diese Darstellung zeigt die Entstehung
von Erde und Mond. Aus einer kosmischen Staubwolke verdichtete sich die
Materie und zog durch die eigene Anzie-
hungskraft immer mehr kosmischen Staub
an.
Auch heute noch sind Reste dieser
Staubwolke in unserem Sonnensystem
vorhanden und können als Zodiakallicht
gesehen werden.

Farbtafel XXXII (unten):
Am 9. August 1998 war die russische
Raumstation Mir von der Schweiz aus am
Abendhimmel zu sehen. Das Bild entstand
um 21.48 Uhr mitteleuropäischer Sommerzeit auf dem Zugerberg (Zentralschweiz). Die Mir hinterließ eine Leuchtspur, die gerade in den aufgehenden
Vollmond hineinführt.

Seit 1986 ist die russische Raumstation Mir (Friede) im All und umkreist die Erde in einer Höhe von 400 Kilometern. Bis zur Jahrtausendwende wird die Mir zwischen 70 000 und 80 000 Erdumkreisungen vollzogen haben. Ursprünglich wurde die Station für eine Lebensdauer von 5 Jahren ausgelegt – sie ist jedoch inzwischen über 13 Jahre in Betrieb (s. auch Farbtafel XXXII).

Die Mir umrundet die Erde mit einer Geschwindigkeit von etwa 7 Kilometer pro Sekunde und braucht dementsprechend etwa 1,5 Stunden für eine Erdumkreisung. Wenn ihre Flugbahn in der Abenddämmerung im Blickfeld eines Betrachters liegt, kann sie als leuchtender Punkt gesehen werden, da sie noch von der Sonne beleuchtet wird, bevor sie in den nächtlichen Erdschatten taucht. Positioniert man eine Kamera und belichtet zu dieser Zeit zum Beispiel eine Minute, so hinterläßt dieser fliegende Leuchtpunkt – wie auch jeder Satellit – eine Lichtspur auf dem Film.

Heute, nur rund vier Jahrzehnte nach dem ersten Satellitenstart, wird unser blauer Planet von unzähligen Satelliten umrundet, und es kommen laufend neue hinzu. Spezielle Umlaufbahnen, wie zum Beispiel die geostationäre Bahn, sind derart begehrt, daß nach dem Ableben eines Satelliten der Platz geräumt werden muß, um für einen neuen Platz zu schaffen. Satelliten in einer geostationären Bahn kreisen in einer Höhe von knapp 36 000 Kilometern um die Erde. Dort beträgt die Umlaufzeit genau einen Tag. Vom Erdbeobachter aus gesehen scheint also der Satellit immer genau am gleichen Ort zu «stehen». Gerade bei Wetter- und Fernmeldesatelliten ist eine solche ortsfeste Position wichtig, damit man sie mit einer stationären Parabolantenne vom Erdboden aus anpeilen kann.

Der Wettlauf um den Mond ist beendet. Das nächste große Ziel könnte der Bau einer Mondbasis sein. Zur Zeit gibt es außerdem Diskussionen über bemannte Marsflüge. Regelmäßige Space-Shuttle-Flüge sowie das Weltraumteleskop Hubble haben die Raumforschung seit dem Start von Sputnik 1 erheblich nach vorne gebracht. Zur Zeit werden die ersten Module der neuen internationalen Raumstation «ISS» im All installiert.

In einigen Jahrzehnten werden all diese Leistungen völlig überholt sein, und in einigen Jahrhunderten werden die Menschen über die ersten Gehversuche im All schmunzeln. Trotzdem dürfte der zweite Teil des 20. Jahrhunderts für immer ein äußerst wichtiger Meilenstein in der Entwicklung der Menschheit bleiben.

Menschen, die in einigen hundert Jahren die Geschichte der Erde studieren, werden erkennen, daß in der zweiten Hälfte des 20. Jahrhunderts eine explosionsartige technologische Entwicklung stattfand – innerhalb eines halben Jahrhunderts wurden die Computertechnologie und die Raumfahrt entwickelt. Gleichzeitig werden diese technologischen Spitzenleistungen begleitet von Umweltkatastrophen, Kriegen, einer Bevölkerungsexplosion und einem beschleunigten Aussterben von Tieren und Pflanzen. Es bleibt zu hoffen, daß die hektischen Zeiten, in denen wir heute leben, wieder ruhiger und besinnlicher werden und daß sich der Mensch nicht nur technologisch, sondern auch spirituell weiter entwickeln wird. Es mag sein, daß Millionen oder Milliarden von lebenstragenden Planeten in unserem Kosmos existieren – in unserem Sonnensystem jedoch gibt es nur die eine Erde, und es ist unsere Aufgabe, diesen kosmischen Edelstein zu bewahren!

Kapitel 5:
Die Sonnenfinsternis vom
11. August 1999 in Europa

Für Astrofans war das Jahr 1999 etwas ganz Besonderes. Zum ersten Mal seit 1961 konnte in Europa wieder eine totale Sonnenfinsternis beobachtet werden, und zugleich sollte es für die allermeisten Natur- und Astrofreunde die einzige Chance im Leben sein, eine totale Verfinsterung über Mitteleuropa zu beobachten, denn die nächste ist erst für das Jahr 2081 angekündigt – die Sonnenfinsternis wurde zum Jahrhundertereignis. Am 11. August also schob sich der Neumond vor die Sonne und verfinsterte sie total. Die Zone der totalen Verfinsterung verlief vom Atlantik über die Südwestspitze von England, die französische Atlantikküste, Süddeutschland, Österreich, Ungarn, Rumänien und die Türkei bis zum Indischen Ozean. So konnte das Spektakel der Totalität zum Beispiel in Stuttgart von 12.32.53 Uhr bis 12.35.10 Uhr beobachtet werden – von der Schweiz aus gesehen ein Katzensprung.

Im Vorfeld der Sonnenfinsternis

Dieses einmalige Schauspiel wollte natürlich auch ich unbedingt verfolgen und fotografisch dokumentieren. Schließlich wird es auch für mein Leben das einzige Mal sein, daß ein solches Ereignis sozusagen «vor der Haustüre» stattfindet. Und große Ereignisse werfen ihre Schatten voraus. Die Sonnenfinsternis hielt mich schon Wochen und Monate vorher in ihrem Bann. Oft träumte ich in der Nacht, ich hätte entweder das Datum verpaßt, sei am falschen Ort gewesen, die Kamera hätte versagt, oder andere Horrorvisionen suchten mich heim. Der originellste Traum war jedoch der, daß ich zwar zur rechten Zeit mit funktionierender Kamera am rechten Ort sein würde, allerdings vergeblich, denn die Sonnenfinsternis würde nicht stattfinden, da die Astronomen Fehler in ihren Berechnungen gemacht hatten.

Auch die realen Vorbereitungen für dieses Ereignis liefen schon lange vor dem Tag X an. Ich studierte sorgfältig alle Informationen, die ich erhalten konnte. Oft schaute ich mir das Satellitenbild an und erstellte als Übung eine «Sonnenfinsternis-Prognose». Dabei stellte ich mir jeweils vor, daß morgen das Ereignis eintreten würde und überlegte mir dabei, für welches «Zielgebiet» ich mich entscheiden müßte. Zu meiner Beruhigung war meistens eine eindeutige Lösung sichtbar, manchmal war ich auch unschlüssig. Nur bei einigen wenigen Wetterlagen jedoch mußte ich passen und tröstete mich mit dem Gedanken: Wenn das Wetter großräumig so schlecht sein sollte, dann wäre die Sache buchstäblich aussichtslos – nicht nur für mich. Doch ich weigerte mich standhaft, eine solche Möglichkeit wirklich in meine Pläne einzubeziehen.

Düstere Prophezeiungen des Weltunterganges

Ich habe in meinem Leben schon einige Prophezeiungen des Weltuntergangs gehört. Am besten in Erinnerung geblieben ist mir noch eine Ankündigung des Weltendes im Zusammenhang mit der Ankunft des Kometen Kohoutek im Jahre 1974. Es hieß damals, dieser Komet sei so hell, daß sein Schweif zu sieben Achteln den Nachthimmel bedecke und damit die Nacht zum (letzten) Tag machen würde. Diese Aussicht gefiel mir außerordentlich gut, denn dieses Szenario würde mit Sicherheit ein wunderschönes Foto abgeben, das ich sogar mit meiner ersten, relativ einfachen Kamera unter solchen Bedingungen machen konnte. Der Weltuntergang fand natürlich nicht statt, was mich keinesfalls störte. Was mich hingegen wirklich ärgerte, war die Tatsache, daß der besagte «Horrorkomet» aufgrund seiner geringen Leuchtkraft mit bloßem Auge kaum sichtbar war.

Schon damals hatte ich mich gefragt, was die selbsternannten Propheten eigentlich mit dem Wort «Weltuntergang» meinen? Sollte damit wirklich das Ende dieser Welt oder zumindest das Ende der menschlichen Existenz gemeint sein? Wenn dies so ist, erlebe ich die Vorhersage eines Weltunterganges als einen Vorgang, der immer nur als Katastrophe für den vorhersagenden Propheten enden kann. Sollte der Weltuntergang nämlich wirklich eintreffen, würde logischerweise auch die Person, die das Ereignis vorhergesagt hat, untergehen. Da frage ich mich: Welchen Gewinn kann der Prophet von seiner Vorhersage haben? Findet der Weltuntergang hingegen nicht statt, wie dies bisher noch immer der Fall war, erscheint der falsche Prophet nur als Scharlatan – ganz abgesehen davon, daß es weder sinnvoll noch menschenfreundlich ist, gutgläubigen Zeitgenossen einen solchen Schrecken einzujagen.

Im Zusammenhang mit der Sonnenfinsternis vom 11. August 1999 haben Vorhersagen in Sachen Weltende natürlich wieder Hochkonjunktur gehabt. Erstaunlich war für mich aber trotzdem, daß im Übergang zum dritten Jahrtausend und in einem wissenschaftlich aufgeklärten Zeitalter doch noch viele eine Sonnenfinsternis mit einem Unglück verbinden. Und geradezu verblüffend war die Vielfalt der Ereignisse, die man befürchtete. Alles, was zu dieser Zeit stattfand, konnte zur Quelle eines großen Unglücks werden. So glaubte der Pariser Modeschöpfer Paco Rabannne zu wissen, daß am 11. August die russische Raumstation «Mir» abstürze und Paris in Flammen aufgehen werde. Ähnlich üble Prophezeiungen gab es für die amerikanische Raumsonde «Cassini», die zum Saturn unterwegs ist. Bei der letzten Kurskorrektur sollte sie auf die Erde stürzen und die 30 Kilogramm Plutonium, die sie mit sich führt, sollten die gesamte Menschheit verseuchen. Als ich dies las, habe ich mich gefragt, warum gewisse Leute von 30 Kilogramm Plutonium beunruhigt werden, andererseits aber die Existenz von Zehntausenden von Atomsprengköpfen als Kriegsgerät offenbar weniger beunruhigend finden – eine wirklich seltsame Logik. Für mich selbst und wohl auch für die allermeisten wirklichen Sternenfreunde war dieses seltene Ereignis jedenfalls kein Anlaß zur Furcht, sondern zur Ehrfurcht vor der Natur.

Das Wetter

Etwa eine Woche vor dem großen Ereignis konnte man zu spekulieren beginnen, wie das Wetter wohl am 11. August 1999 sein würde. Zu dieser Zeit war es in Mitteleuropa schwül und feucht, und man erwartete in den nächsten Tagen eine Kaltfront, die endlich diese feuchte Gewitterluft ausräumen sollte. Eigentlich sah alles ganz gut aus. Ich hoffte, daß sich hinter dieser Schlechtwetterfront ein Hochdruckkeil aufbauen würde, der schönes und klares Wetter mit sich bringen sollte. Etwa drei Tage vor der Finsternis sah es wirklich so aus, als ob sich mit der eben beschriebenen Situation alles zum Guten wenden würde. Als sehr positiv empfand ich, daß die Wetterprognose für den 11. August über Tage gleich blieb, da sich die verschiedenen Computermodelle, was selten genug vorkommt, offenbar einig waren, wie die weitere Wetterentwicklung verlaufen würde. Ebenfalls positiv war, daß nach einer tagelangen sehr flachen Druckverteilung über Europa endlich Bewegung und klarere Strukturen in die meteorologischen Systeme kommen sollte. Aus den Prognosen ging klar hervor, daß sich der Alpenraum an diesem Tag in einem Grenzbereich von warmen und kalten Luftmassen befinden würde. Östlich davon war mit schlechtem Wetter zu rechnen, westlich davon sollte es klar werden. Es war also bereits etwa zwei Tage vor dem 11. August 1999 relativ sicher, daß Frankreich mit größter Wahrscheinlichkeit ziemlich ideale Beobachtungsbedingungen für die Sonnenfinsternis aufweisen würde. Was sollte da noch schiefgehen?

Der Aufbruch

Unser Sonnenfinsternis-Beobachtungsteam bestand aus fünf begeisterten NaturbeobachterInnen. Mit einigen von ihnen hatte ich schon mehrfach Mondfinsternisse «gejagt», und es war häufig darum gegangen, ein nur kleines Wolkenloch zu erhaschen. Stets waren wir erfolgreich gewesen. Aufgrund jahrelanger Erfahrung konnte ich also davon ausgehen, mit einem zuverlässigen Team das große Ereignis gemeinsam zu erleben.

Vor dem Aufbruch schaute ich mir immer wieder die Wetterprognosen an – sicher ist sicher. Zudem studierte ich die aktuellen Meteosatbilder, um mit der herrschenden Wettersituation möglichst vertraut zu sein. Am Morgen des 10. Augusts sollte es endlich losgehen. Wir wollten bereits am Abend vor dem Ereignis in der Zentrallinie der Verfinsterung einen geeigneten Standort suchen, denn wir rechneten damit, daß am 11.8. vormittags der Verkehr auf den wichtigsten Zufahrtsstraßen in die Finsterniszone zusammenbrechen würde. Wir hatten Zelt, Schlafsäcke, Wasser und Proviant für zwei Tage dabei. Wir waren völlig unabhängig, sehr flexibel und sehr optimistisch.

Dienstag morgen, 10. August, 10.30 Uhr: Zu fünft starten wir in unserem VW-Bus von Teufenthal, Kanton Aargau, Schweiz, mit Ziel Westfrankreich. Das Wetter ist zu dieser Zeit katastrophal. Die ganze Nacht war geprägt von kräftigem Dauerregen. Es hat jetzt zwar aufgehört zu regnen, doch der Himmel ist grau und trüb. Das riesige Tiefdruckgebiet, das Mitteleuropa bis zum Überdruß mit Wolken ein-

deckt, scheint langsam ostwärts zu ziehen und sich dabei aufzufüllen – eigentlich ideale Bedingungen für eine Sonnenfinsternis, denn es sieht ganz so aus, als ob sich in Frankreich klares Rückseitenwetter mit zunehmend besseren Wetterbedingungen herausbildet.

Start zur Sonnenfinsternisexkursion am 11. August 1999. In der Schweiz ist das Wetter katastrophal.

Und richtig, bereits in Basel wird die Witterung deutlich freundlicher. Eine aufgelockerte Bewölkung, die von kühlen klaren Nordwinden über den Himmel getrieben wird, erinnert an veränderliches Aprilwetter. In Offenburg machen wir eine kurze Rast für das Mittagessen. Als wir wieder starten, bricht ein kräftiger Schauer los. Die Autobahn ist jedoch angenehm befahrbar, der Verkehr hält sich in Grenzen. Dann geht's weiter in Richtung Straßburg. An der französischen Grenze werden wir am Zoll aufgefordert auszusteigen. Ein Zollbeamter wirft einen Blick ins Wageninnere und schaut ein bißchen irritiert, als er 9 Stative mit Kameras und diversem Zubehör entdeckt – für ihn zu viel Fotokram für 5 Personen. Ich erkläre ihm, daß wir unterwegs sind, um die Sonnenfinsternis zu fotografieren. «Ah, l'éclipse...» Dann verzieht er den Mund, als ob er in eine Zitrone gebissen hätte, und deutet mit der Hand zum Himmel: «Le temps – c'est pas bon.» Er hat recht, das Wetter ist tatsächlich nicht gut, doch noch immer glauben wir, daß es bald besser wird. Er wünscht uns noch viel Glück, dann geht unsere Reise weiter nach Straßburg und Hagenau.

In Hagenau ist es, wer sagt's denn, schön. Es weht ein mäßiger Nordwind, und am Himmel treiben kleine Quellwölkchen, die harmlos aussehen. Wir gehen nun mit System vor. Da unser Ziel jetzt ziemlich klar ist, wechseln wir französisches Geld und kaufen Detail-Straßenkarten von dieser Region, um uns einen geeigneten Standort zu suchen. Unser Ziel ist es, bis westlich von Metz zu fahren, denn dort sollte das Wetter ziemlich gut sein. Eine Wolkenbedeckungsprognose aus dem Internet verspricht für den 11. August in diesem Gebiet die geringste Bewölkung. Die weitere Fahrt verläuft problemlos – abgesehen von einigen Amokfahrern, die offenbar bereits jetzt die geheimnisvollen Kräfte der Sonnenfinsternis spüren. Die prekärste Situation tritt auf, als ein «Wahnsinniger» mit ungeheurer Geschwindigkeit rechts überholt und wie eine zu tief fliegende Rakete an uns vorbeibraust. Auch als wir gegen Abend plötzlich in eine schwarze Wolkenwand mit kräftigen Regenschauern hineinfahren, lassen wir uns nicht irritieren, denn wir erwarten, daß hinter dieser Wolkenwand das Wetter wieder aufklart. Leider ist dies nicht der Fall. Als die Nacht hereinbricht, suchen wir uns unseren Ruheplatz in einem Wald westlich von Metz – genau auf der Zentrallinie der totalen Verfinsterung. Wir stellen das Zelt auf, und es beginnt mehr und mehr zu regnen. Allmählich nervt uns das Wetter doch. Nachdem wir Spaghetti und Salat gegessen haben, geht's ab in den Schlafsack.

Ich bin zwar hundemüde, jedoch viel zu aufgeregt, um schlafen zu können, obwohl ich bereits die Nacht davor zu wenig und schlecht geschlafen habe. Nun mache ich mir doch Sorgen um das Wetter. Im Radio höre ich um Mitternacht noch einmal die Nachrichten. Dort sagen sie in der Wetterprognose, daß die Bedingungen zur Beobachtung der totalen Sonnenfinsternis im Saarland am besten sein werden. Sollte sich dies bewahrheiten, würden wir am nächsten

Morgen zurückfahren – dieses Gebiet wäre auf jeden Fall in Reichweite, kein Grund zur Panik also. Langsam werde ich doch müde. Doch ich erwache immer wieder, und dann konzentriere ich mich auf die Geräusche und lausche, ob der Regen wohl aufgehört hat. Leider trommeln die Regentropfen bis zum Morgengrauen auf unser Zeltdach.

Die Jagd

Es ist der 11. August, 5 Uhr morgens: der große, lang ersehnte Tag der Sonnenfinsternis. Nach den Nachrichten im Radio wird in der Wetterprognose erneut bestätigt, daß das Saarland zur Beobachtung der Sonnenfinsternis gute Bedingungen haben wird. Bereits um diese frühe Zeit sendet das Radio einen Beitrag über die Sonnenfinsternis. Der Moderator erklärt kurz, wie und warum es zu einer totalen Sonnenfinsternis kommt und wo sie wann zu sehen ist. Um das Himmelsphänomen weiter zu erläutern, sagt er: «Die Tatsache, daß Sonne, Mond und Erde auf elliptischen Bahnen umeinander eiern, bewirkt, daß...» Meine Gedanken schweifen ab: «Dann eiert mal schön weiter», denke ich und frage mich, wohin *wir* heute noch «eiern» sollten, um das tolle Spektakel zu erleben. Während der Nacht hat es zwar aufgehört zu regnen, doch das beruhigt mich kaum. Die Landschaft sieht aus wie das Schweizerische Mittelland Mitte November. Eine kompakte, strukturlose Wolkendecke überzieht die gesamte Landschaft, und über die Felder treiben graue Nebelschwaden. Irgendwie habe ich das Gefühl, daß die Wolken bis zum Boden herunterhängen. Von den Bäumen tropft noch immer das Restwasser des nächtlichen Niederschlags, und das Schlimmste am Ganzen ist die Tatsache, daß nirgendwo eine Aufhellung, ein Wolkenloch oder ein noch so geringes Zeichen eines weniger bedeckten Himmels sichtbar ist. Es ist trostlos, und wir haben nicht den kleinsten Hinweis, wo es besser sein könnte. Irritiert betrachte ich eine Vorhersagekarte der Wolkenbedeckung, die ich einen Tag zuvor aus dem Internet ausdrucken ließ. In dem Gebiet, in dem wir uns befinden, sollte an diesem Morgen eine Bewölkungsdichte von 0–40% am Himmel vorhanden sein. Von wegen. Sollte es nicht besser 340% heißen?

Nach einem kurzen Frühstück fahren wir ins nächste Dorf. Von dort rufe ich in die Schweiz an, um vom Wetterdienst zu erfahren, wie die momentane Situation aussieht. Anhand der Satellitenbilder

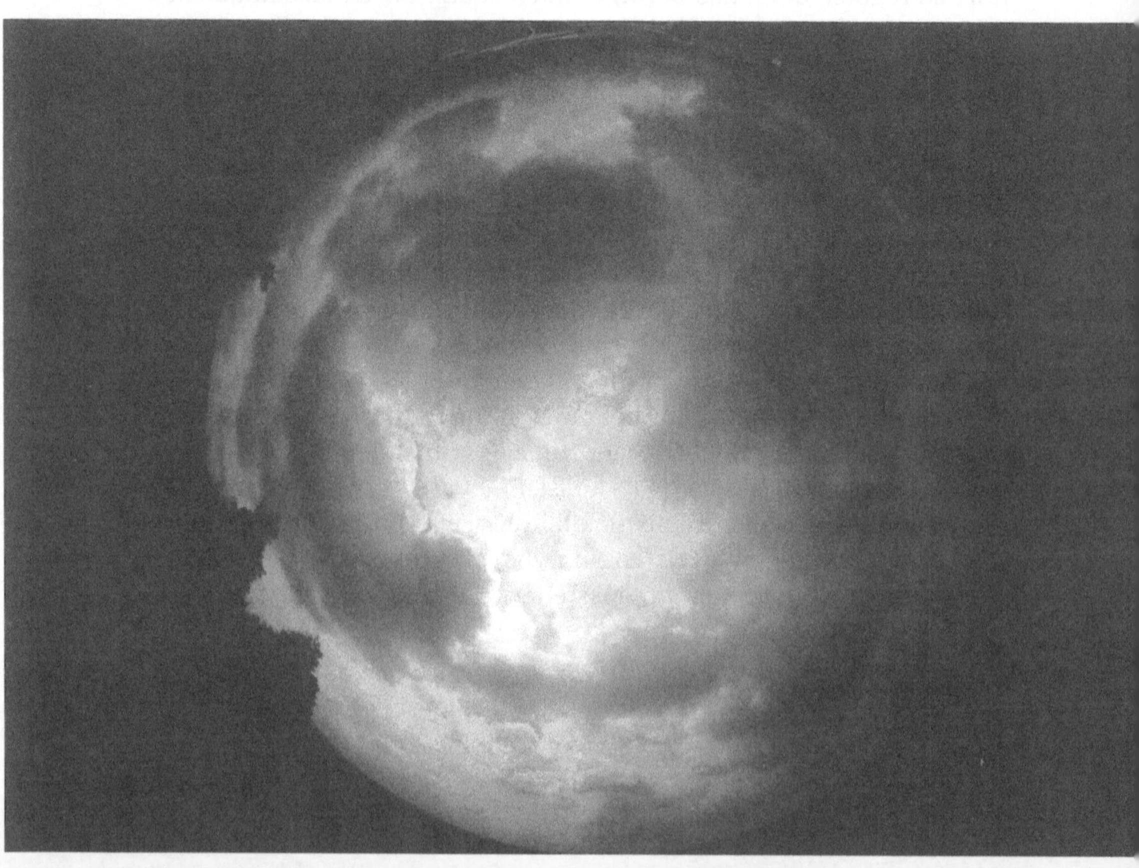

sind immerhin zwei Wolkenlük-
ken auszumachen: über Rumäni-
en und in der Region um Karlsruhe. Die Entscheidung ist nicht
schwer – ab geht's Richtung
Karlsruhe. Mittlerweile hat ein
garstiger Nieselregen eingesetzt,
der ausgezeichnet zur trüben
und nebligen Wolkenstimmung
paßt. Nun «brettern» wir, vom

<
Am Ziel, in der Umgebung von Pirmasens. Zuerst
scheint noch die Sonne, doch dann schießen die
Quellwolken in die Höhe.

Oben: Kurz vor der totalen Verfinsterung ziehen dunkle
Wolken auf. Aus der Wolkenbasis ragt eine trichterför-
mige Ausstülpung hervor, die aussieht wie ein Tornado.
Das Gebilde bleibt etwa 2 Minuten lang sichtbar.

Sonnenfinsternis-Fieber gepackt, die gleiche Strecke zurück, die wir
gestern in umgekehrter Richtung gefahren sind. Erstaunlicherweise
herrscht geringer Verkehr auf der französischen Autobahn zwischen Metz und Saarbrücken. An den Zahlstellen und an einigen anderen Orten sind auf Tafeln Hinweise angebracht, daß man während
der Sonnenfinsternis nicht auf dem Pannenstreifen anhalten soll.
Als wir Saarbrücken erreichen, erscheint buchstäblich der erste
Lichtblick am Horizont. Endlich wird eine Wolkenstruktur am Him-

mel sichtbar, dazwischen sind sogar einige Lücken vorhanden. Hin und wieder schimmert sogar die Sonnenscheibe ganz matt durch die Wolkendecke. Was wir draußen sehen, deckt sich mit den Wettermeldungen im Radio. Die Prognosen lauten, daß die Gegend zwischen Saarbrücken und Karlsruhe die besten Beobachtungsbedingungen für die totale Sonnenfinsternis bieten wird. Die Wolkendecke wird immer lockerer, und schließlich scheint sogar die Sonne.

Inzwischen sind wir in Pirmasens angekommen. Die Autobahn ist zu Ende, und wir befinden uns auf einer Anhöhe mit gutem Weitblick. Zudem ist der Himmel zu dieser Zeit relativ wolkenfrei. Es ist 11 Uhr, und damit beginnt in wenigen Minuten der Erstkontakt von Sonne und Mond. Sollten wir doch noch Glück haben? Frohgemut suchen wir einen Hügel mit guter Sicht und beginnen sofort mit der Installation unserer Kameras. Langsam schiebt sich nun der Neumond vor die Sonne und sorgt dafür, daß diese zu einer immer schmaleren Sichel wird, die aussieht wie ein «Weihnachtsguezli». Wir haben auf dem Boden ein großes Leinentuch aufgespannt, damit wir vor und nach der totalen Verfinsterung die «fliegenden Schatten» beobachten können. Dieses Phänomen entsteht, wenn die Sonne nur noch als sehr schmale Sichel sichtbar ist. In dieser Form erscheint sie als spaltförmige Lichtquelle, und dadurch werden Dichteunterschiede in der Luft sichtbar, die als Schatten über die Landschaft huschen – ähnlich den Schatten, die von Wellen in einem Wasserbecken am Boden sichtbar werden. Zudem liegt ein Wassersprüher bereit, mit dessen Hilfe man durch eine Handpumpe mit Überdruck Wasserstaub erzeugen kann. Damit möchte ich kurz vor der Totalität einen Regenbogen erzeugen, um zu beobachten, ob sich in dieser speziellen Situation ein anderer Regenbogen bildet. Da das Licht zu dieser Zeit meistens gelblich grün ist, wäre dies durchaus möglich.

Fast eine Stunde lang geht alles gut. Doch dann kommt das dicke Ende. Explosionsartig türmen sich riesige Quellwolken auf, die wie gigantische Pilze in den Himmel schießen. Die Luft ist schwül und feucht und erinnert trotz Nordwind an tropische Verhältnisse. Von Norden her beginnt sich langsam der Himmel zuzuziehen. Eine große dunkle Wolkenbank schiebt sich von Norden nach Süden. Jetzt hilft nur noch beten, denn es ist viel zu spät, um noch einen anderen Standort zu suchen. Also hoffen wir, daß hinter dieser Wolkenbank eine weitere Aufhellung erfolgt. Doch leider ist dem nicht so – im Gegenteil: Etwa eine halbe Stunde vor der totalen Verfinsterung kommen plötzlich kühle Winde auf. Die Wolkendecke wird immer dichter.

Wir haben unser tragbares kleines Fernsehgerät eingeschaltet, in dem die Sonnenfinsternis live dokumentiert wird. Der Mondschatten hat gerade Reims (Frankreich) erreicht. Das Kamerateam zeigt die Silhouette der berühmten Kathedrale, im Hintergrund wird der Tag innerhalb von Sekunden zur Nacht – begleitet von «Ahs» und «Ohs» der beeindruckten Zuschauermenge, die sich dort aufhält. Aber auch in Reims verhüllt schließlich eine Wolkendecke den Anblick der Sonnenkorona. Von Westen nach Osten dem Mondschatten folgend, werden in der folgenden Zeit aus einigen Städten Live-Übertragungen der Sonnenfinsternis gezeigt.

Am Mittag bricht die Nacht herein

Nach und nach wird es auch bei uns ein wenig dunkler, und der Himmel weist eine seltsame gelblich braune Farbe auf. Es ist ein schummriges Licht, als ob ein gewaltiges Unwetter aufziehen würde. Unaufhaltsam rast von Westen der Mondkernschatten wie ein drohendes Ungeheuer mit einer Geschwindigkeit von 2500 Kilometern pro Stunde heran. Und plötzlich geschieht das Unfaßbare: Schlagartig fällt die Dunkelheit über die Landschaft, und von einem Augenblick zum anderen wird es Nacht. Die Finsternis bricht so schnell über das Land herein, als hätte jemand ein gigantisches schwarzes Tuch über die Erdkugel geworfen. Da wir uns unter dichten Wolken befinden, wird es noch viel dunkler als sonst, und der Himmel weist die seltsamsten Farben auf, die nun doch an Weltuntergangsstimmung erinnern. Wer so etwas einmal erlebt hat, der versteht, daß die Menschen früher Angst hatten und viele noch heute haben. Ich muß unwillkürlich an Zeus denken, der sich heute nicht als zorniger Blitzeschleuderer betätigt, sondern an einem himmlischen Lichtschalter mit einem Handgriff die Sonne auslöscht. Wer weiß, ob er sie je wieder anknipst?

Natürlich weiß ich, daß dies nicht das Ende der Welt ist, trotzdem bin ich enorm beeindruckt von dem phantastischen Schauspiel. Der Himmel weist jetzt besonders unnatürliche und spektakuläre Farben auf. Die vorhandene Wolkendecke bildet eine Leinwand, worauf der Mondkernschatten projiziert wird und von unten gesehen werden kann. Es entsteht eine Mischung von Bleigrau, Stahlblau und einigen seltsamen Grüntönen. Am Horizont erscheint in weiter Ferne ein helles Band aus schwefelgelben und rosa Farbtönen. Es ist das

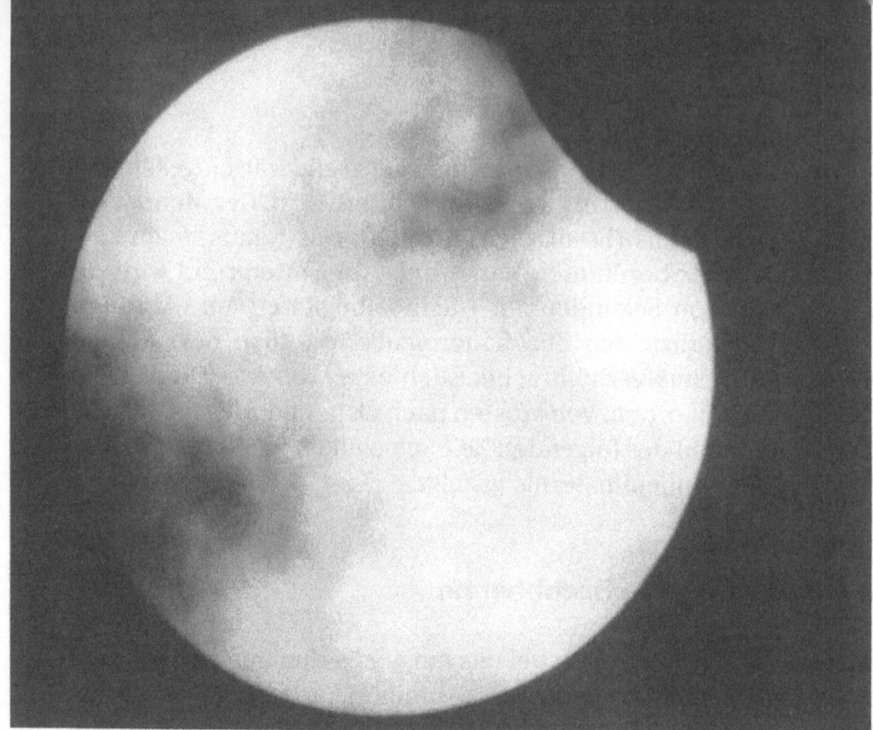

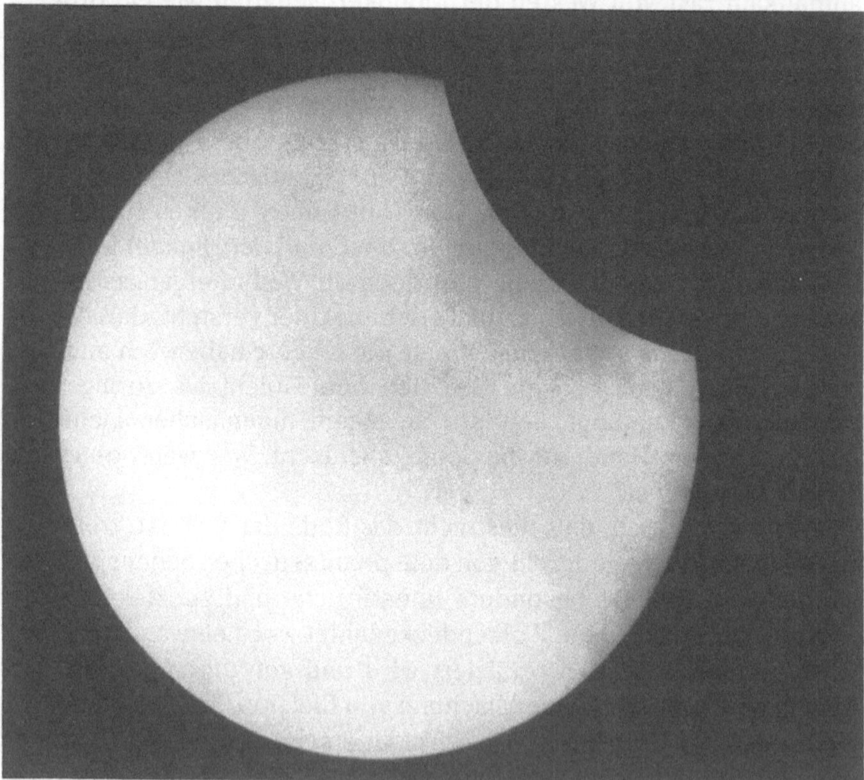

Beginn der Sonnenfinsternis: Der Neumond schiebt sich vor die Sonne. Auf der Sonne sind einige Flecken sichtbar.

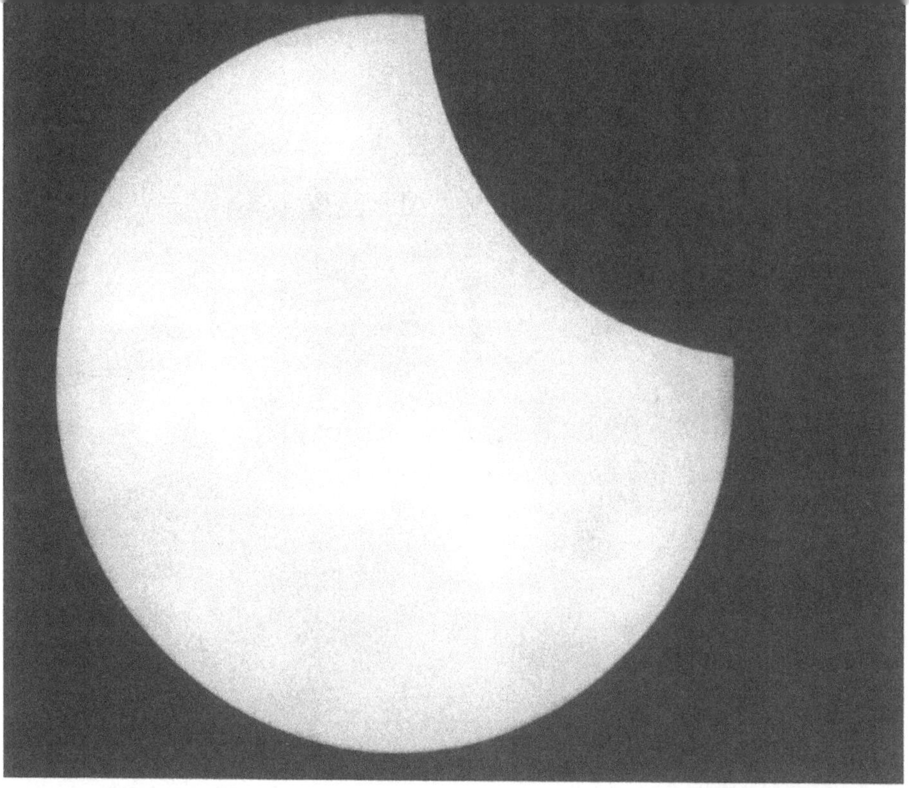

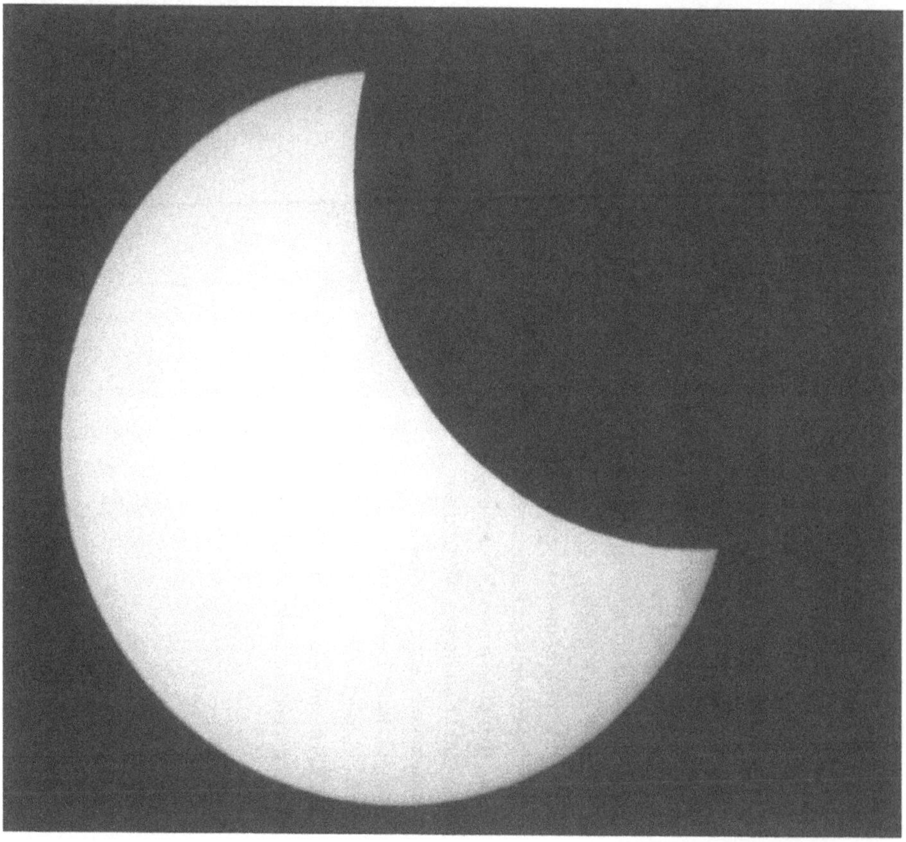

Die Sonnenfinsternis vom Weltraum aus beobachtet: Wie ein
dunkler Tintenklecks wandert der
Mondschatten von Westen nach
Osten, vom Atlantik über Europa
bis zum Indischen Ozean. Da die
Wolkendecke über Europa sehr
ausgedehnt ist, hebt er sich
besonders gut ab. Um den dunklen
Kernschatten mit etwa 110
Kilometern Durchmesser erstreckt
sich das Gebiet des Halbschattens, das etwa einen Durchmesser
von 6000 Kilometern hat und als
Grauschleier auf den Wolken
erkennbar ist. Die Bilder wurden
halbstündlich von 12.00 Uhr bis
13.30 Uhr mitteleuropäischer
Sommerzeit aufgenommen

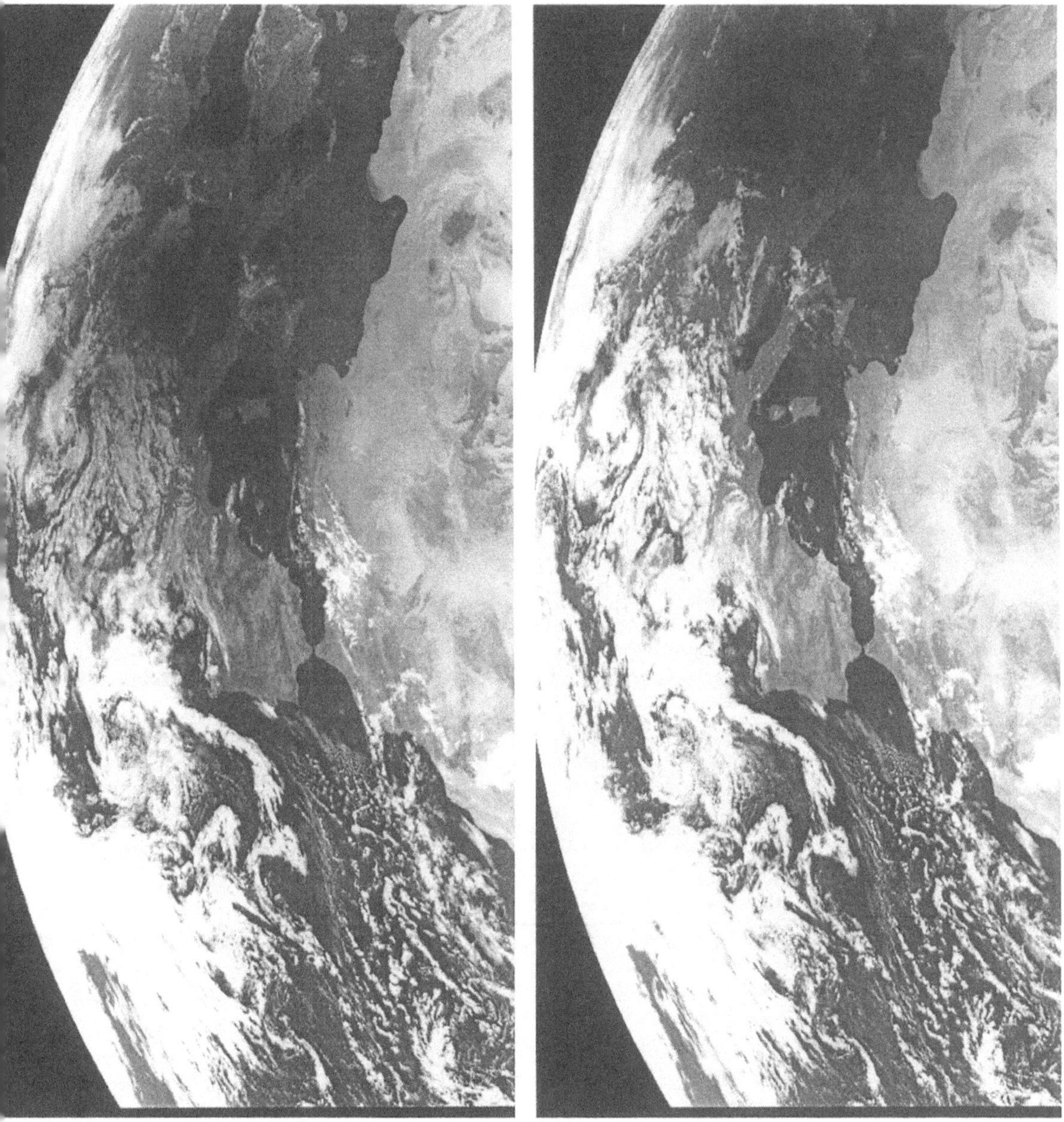

Die vier Meteosatbilder
zeigen die gesamte Erd-
kugel. Der Mondschatten
wandert auf der Nordhalb-
kugel als dunkles Gebilde
von Westen nach Osten
und verursacht dadurch
die totale Sonnenfinsternis.

Die Sonnenfinsternis vom 11. August 1999 in Europa

Kapitel 5

Tageslicht, das «hinter» dem Mondkernschatten wieder sichtbar wird. Mittlerweile ist es totenstill geworden. Die Vögel sind gänzlich verstummt, und es weht ein kühler Wind. Kaum nehme ich wahr, daß auch vereinzelte Regentropfen fallen. In der

Ferne brennen Lichter in den Dörfern, und es sieht aus wie in der Nacht. Dies ist um so erstaunlicher, als dieses eindrückliche Ereignis eine Stunde vor dem mittäglichen Sonnenhöchststand stattfindet. Finstere Nacht und dies am Mittag – einfach unglaublich! Ich bin ergriffen von dem gigantischen Schauspiel, zugleich aber auch sehr traurig, daß wir die Schönheit der Sonnenkorona nicht sehen können. Die Himmelsfarben sind jedoch so faszinierend, daß ich diesen Eindruck mit drei Kameras zugleich festhalte (siehe Farbtafeln XXXV–XLII). Es ist ein unbeschreibliches Gefühl: In genau diesem Augenblick befinden sich Sonne, Mond und mein Standort auf der Erdkugel haargenau auf der gleichen Linie. Diese besondere Konstellation der drei Himmelskörper Sonne, Mond und Erde hält mich gefangen. Doch da der Kernschatten des Mondes mit annähernd einem Kilometer pro Sekunde über uns hinweg rast, ist das kosmische Schattenspiel bereits nach zwei Minuten zu Ende. So schnell wie die Dunkelheit über die Landschaft hereingebrochen ist, so schnell verschwindet sie wieder, und der Himmel weist die gleiche schummrige gelbliche Farbe auf wie vor der totalen Finsternis. Die triste Normalität hat uns wieder.

Aus unserem kleinen Fernseher erhalten wir weitere Informationen aus der Totalitätszone. In Stuttgart bricht just mit dem Beginn der Totalität ein kräftiges Gewitter los. Der Wettergott scheint an diesem Tag wirklich alle Register zu ziehen – Regen, Wolken und Unwetter zuhauf. Mir drängt sich der Eindruck auf, daß der Starkregen mit der Zeit der Totalität synchronisiert ist. Auch in München ist der Himmel bedeckt, und die «schwarze Sonne» entzieht sich den Blicken von Millionen von Zuschauern. Woher kommen schließlich die Bilder von der Sonnenkorona im Fernsehen? Ganz einfach: Sie werden von einem Forschungsflugzeug übertragen, das hoch über den Wolken fliegt.

An unserem Standort ist es inzwischen wieder hell geworden. Allerdings ist jetzt das Wetter anders als vor der Finsternis – es ist noch schlechter. Fast will es scheinen, als ob die beginnende Helligkeit eine Initialzündung für die weiteren meteorologischen Vorgänge darstellt. Kaum ist es einigermaßen hell geworden, da beginnt es wie aus Kübeln zu gießen, und die Sicht erreicht den absoluten Nullpunkt. Wir verhängen zunächst die Kameras, um sie vor dem Regen zu schützen. Doch dann müssen wir unsere Fotoausrüstung schnellstens in Sicherheit bringen. Jetzt hat der Weltuntergang wirklich begonnen...

Regen und Nässe, wohin das
Auge reicht.

Wetter-GAU und Superstau

Die Sonnenfinsternis vom 11. August 1999 war in jeder Hinsicht ein
Jahrhundertereignis. Mit Sicherheit sind in der menschlichen Ge-
schichte noch nie so viele Augen und Kameras auf eine verfinsterte
Sonne gerichtet worden, und wahrscheinlich haben selten so wenig
Beobachter (im Verhältnis zur riesigen Menschenmenge) die Korona
der verfinsterten Sonne gesehen. Auch die Leistung des Wetters er-
scheint rekordverdächtig. Es gibt sicher nur außerordentlich wenige
Tage im Jahr, in denen ein so riesiger Landstrich wie der der verfin-

Die Autobahn bei Karlsruhe: Kolonnenverkehr und
Schmudelwetter.

Nach der Sonnenfinsternis bricht der Verkehr total
zusammen.

Farbtafel XXXIII (oben):
Verkauf von Schutzbrillen für die Sonnenfinsternis in Frankreich.

Farbtafel XXXIV (unten):
Tafel an der Autobahn bei Metz: Aufforderung, während der Sonnenfinsternis auf dem Pannenstreifen nicht anzuhalten.

Farbtafel XXXV–XXXVIII:

Beginn der totalen Verfinsterung. Innerhalb weniger Sekunden wird es Nacht. Dabei verfärbt sich der Himmel in spektakulären Farbtönen. Die Kamera war gegen Süden ausgerichtet, der Mondschatten raste von Westen (von rechts) heran.

Farbtafel XXXIX–XLII:
Die zwei Bildpaare zeigen den Unterschied vor und während der totalen Verfinsterung.
Die beiden oberen Bilder wurden kurz vor der Verfinsterung, die beiden unteren während der totalen Verfinsterung aufgenommen. Der Jahrhundertschatten wird auf die Wolkendecke projiziert. Der helle Streifen am Horizont (links oben in der Farbtafel XLII) zeigt das Gebiet «hinter» dem Mondschatten, wo es wieder Tag ist.

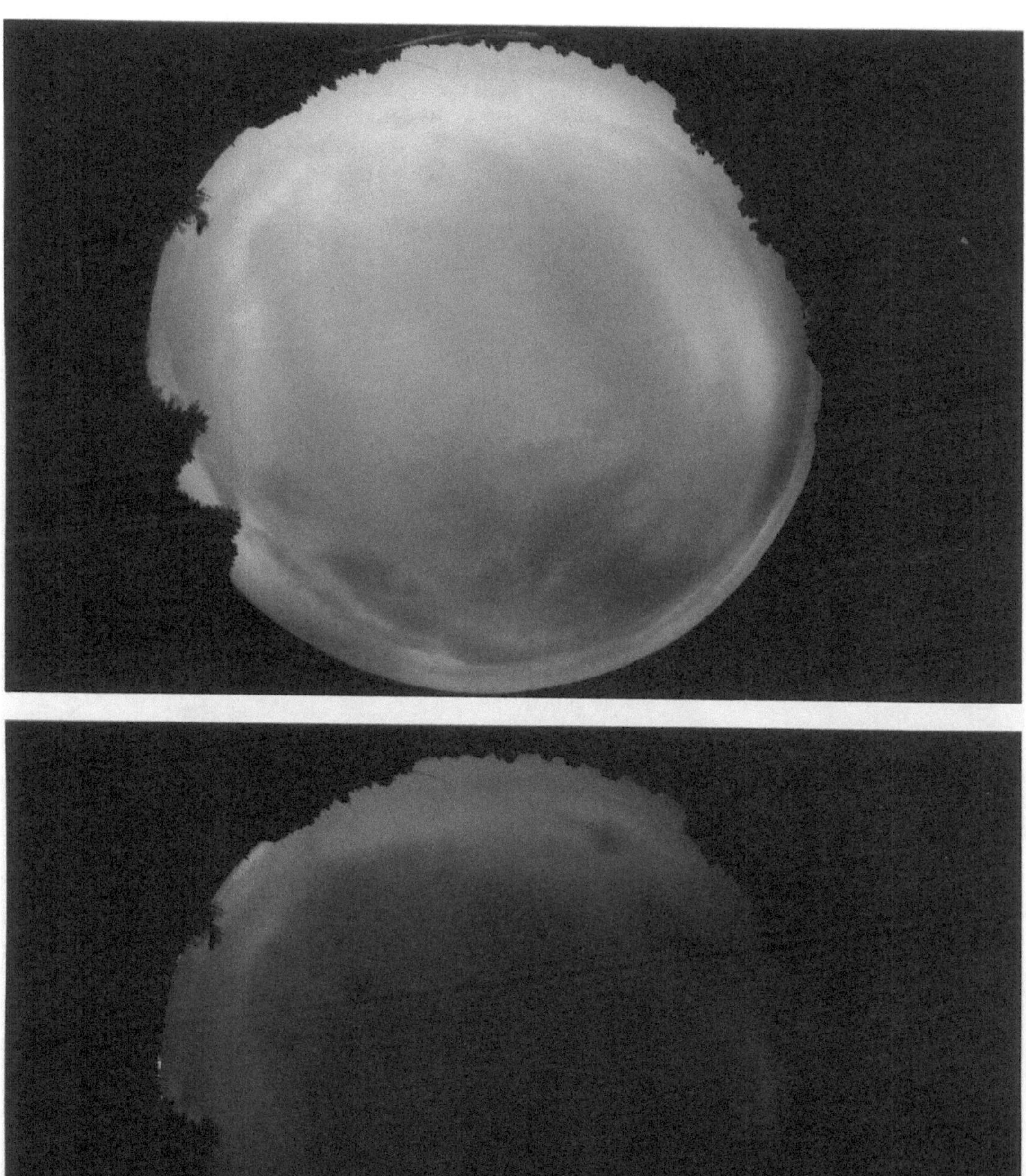

Farbtafel XLIII:

Die totale Sonnenfinsternis vom 11. August 1999. Wenn der letzte «Lichttropfen» der Sonne durch ein Mondtal aufblitzt, entsteht der «Brillantring-Effekt». Gleichzeitig wird die innere Korona der Sonne sichtbar. Der Standort des glücklichen Fotografen, der nicht der Autor war, lag bei Saarbrücken.

Farbtafel XLIV:

Wenn der Neumond die Sonne bedeckt, wird ihre Korona sichtbar. Dies ist die äußerste Hülle der Sonnenatmosphäre, welche sich mehrere Millionen Kilometer in den Weltraum erstreckt und eine Temperatur von bis zu 4 Millionen Grad aufweist. Diese Temperatur ist um ein Vielfaches höher als die Sonnenoberflächentempertur von ca. 6000 Grad (Foto wie auf linker Seite).

Farbtafel XLV:
Diese künstlerische Darstellung des Autors zeigt die Sonnenfinsternis vom Weltraum aus gesehen. Um den Neumond wird die Sonnenkorona sichtbar. Gleichzeitig erscheint auf der Erdkugel der Kernschatten des Mondes als dunkler runder Fleck.

sterten Sonne so großräumig mit kompakten Wolken verhüllt ist. Es war der Wetter-GAU schlechthin – die «größtmögliche Anomalie von Unwettern».

Doch das rekordverdächtige Schlechtwetter ist nur der Anfang. Die großräumigen Regenfälle führen nun dazu, daß sich nach der Sonnenfinsternis Millionen von Menschen auf den Straßen tümmeln, da sie sofort den Heimweg antreten wollen. Bereits am Vormittag waren bestimmte Autobahnen im Bereich der Totalitätszone überlastet, als riesige Menschenmassen versuchten, ein Loch in den Wolken zu erhaschen. Was jetzt allerdings erfolgt, ist ein großräumiger Verkehrsinfarkt! Im Radio hört man ununterbrochen Meldungen über Staus, stockenden Kolonnenverkehr und Unfälle. Wohl selten in unserer modernen Gesellschaft hat ein Naturereignis von nur zwei Minuten Länge so viele Menschen in Atem gehalten!

Auch wir treten die Rückreise an. Der Heimweg erfolgt im Verkehrsstau und im Stauniederschlag. Im Radio produziert sich die Gruppe «Supertramp» mit dem sehr passenden Titel *It's raining again*. In der Tat – es regnet wirklich wieder (oder immer noch, so genau wissen wir es selbst nicht mehr). Wir benötigen für die Autobahnstrecke Karlsruhe-Basel rund 8 Stunden – ziemlich genau das Vierfache der üblichen Zeit. Schließlich endet unsere Exkursion kurz vor Mitternacht dieses denkwürdigen 11. Augustes 1999 wieder zu Hause. Wir sind müde, zerschlagen und frustriert, weil wir die Sonnenkorona nicht gesehen haben, andererseits aber auch noch immer beeindruckt, denn ein großartiges Schauspiel war es trotz allem.

Wenn ich diese Exkursion im Rückblick betrachte, so kann ich überzeugt und mit gutem Gefühl feststellen, daß wir alle Möglichkeiten ausgeschöpft haben, um die Sonnenfinsternis zu fotografieren. Wir waren ein Superteam, in dem jeder seine Aufgabe bestens erledigte. Wir sind mit der größten Sorgfalt und mit System vorgegangen. Trotz 1500 Kilometern Fahrt in einem Zeitraum von 36 Stunden war es aufgrund der unglaublich schlechten Wetterlage nicht möglich gewesen, die Sonnenkorona zu sehen. Das schlechte Wetter war großräumig von der französischen Atlantikküste bis nach Rumänien durchgehend vorhanden. Selbst in Bukarest konnte die Totalität der Sonnenfinsternis nicht gesehen werden, da der Himmel am Mittag mit Wolken bedeckt war, obwohl in diesem Gebiet zu dieser Jahreszeit meistens schönes Wetter herrscht. Die äußerst wenigen Wolkenlöcher in Mitteleuropa befanden sich zwischen Saarbrücken und Karlsruhe – in jenem Gebiet, in dem auch wir uns stationiert hatten.

In dieser Region wurden denn auch die besten Fotos der total verfinsterten Sonne gemacht (siehe Farbtafeln XLIII und XLIV). Wir lagen also mit unseren Berechnungen gar nicht falsch. Nur das Glück, eines der raren Wolkenlöcher zu erwischen, hat uns gefehlt.

Dafür hatten wir einen ausgezeichneten Standort mit annähernder Rundsicht. Zudem setzte der starke Regen erst nach der Totalität ein. Dies ermöglichte mir, eine Serie von äußerst interessanten Himmelsaufnahmen zu erstellen, die die hereinbrechende Dunkelheit, gekoppelt mit sehr seltenen Farbtönen am Himmel zeigt (siehe Farbtafeln XXXV–XLII).

Der Tag danach

Meteorologisch betrachtet herrschte am 11. August 1999 in der Tat die denkbar ungünstigste Wetterlage für die Beobachtung einer Sonnenfinsternis. Die Zone der totalen Verfinsterung verlief nördlich der großen mitteleuropäischen Gebirgszüge wie etwa der Alpen. Die starke Windströmung aus Norden auf der Rückseite eines kräftigen Tiefdruckgebietes führte deshalb auf der Nordseite der Alpen zu einer kompakten Wolkendecke mit Stauniederschlägen. In der Südschweiz hingegen herrschte zu dieser Zeit der Nordföhn, der glasklare Luft und viel Sonne bescherte. Die Zone der totalen Verfinsterung befand sich – meteorologisch gesehen – am 11. August schlichtweg auf der falschen Seite der Alpen!

Das schlechte Wetter war jedoch nicht das einzige Ärgernis an diesem Tag. In München konnten zwei Großflugzeuge nicht zu einem Sonderflug starten, da der Luftraum während der Totalität durch Privatflugzeuge völlig überlastet war. Bei einer anderen Fluggesellschaft, deren Flugzeuge starten konnten, reklamierten die Passagiere, die einen Sitzplatz für 3800 Franken in einer Concorde erstanden hatten, da sie die verfinsterte Sonne trotz klarem Himmel nicht gesehen hatten. Mich wundert dies nicht. Die Flugzeugfenster gewähren einen Blick, der geradeaus in die Ferne geht. Nach oben und unten könnte man ein Ereignis wie eine Sonnenfinsternis nur durch eine Glaskuppel

>

Die 4 Darstellungen zeigen Temperatur, Helligkeit, direkte Strahlung und Globalstrahlung während der Sonnenfinsternis in Locarno Monti (Südschweiz). In diesem Gebiet wurde die Sonne im Maximum zu etwa 94% verfinstert. Bei allen vier Parametern ist ein deutliches Minimum zur Zeit der maximalen Verfinsterung zu erkennen. Die Messung erfolgte von 11.00–14.30 Uhr mitteleuropäischer Sommerzeit.

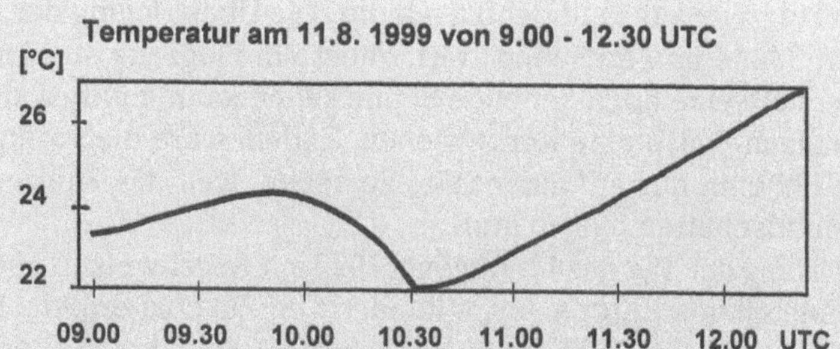

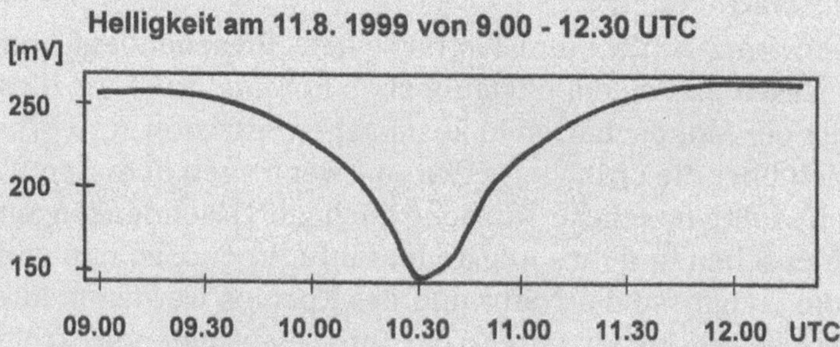

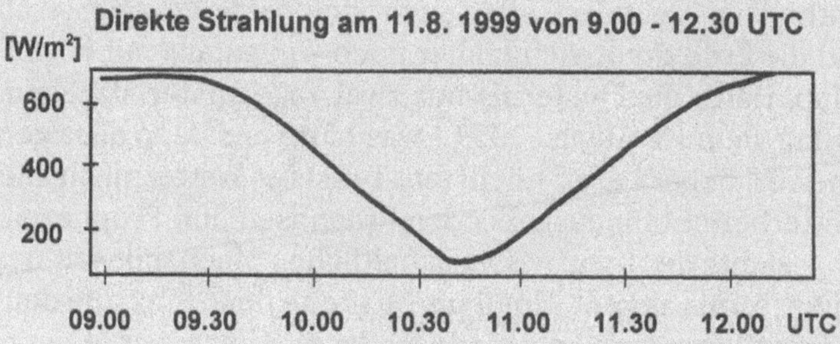

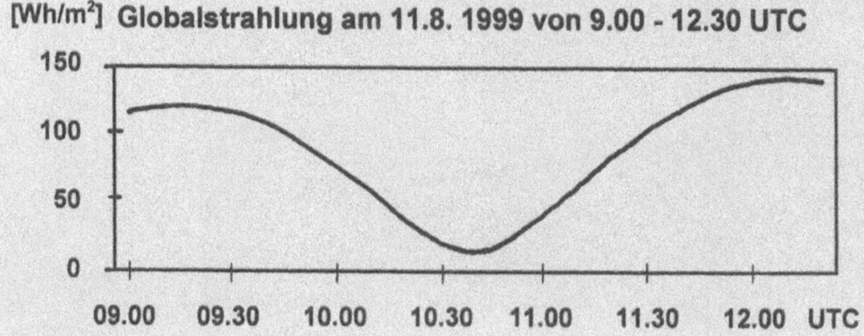

Die Sonnenfinsternis vom 11. August 1999 in Europa

sehen, wie es in speziellen Forschungsflugzeugen möglich ist. Von so einem Flugzeug aus fand denn auch die Live-Übertragung der verfinsterten Sonne im Fernsehen statt. Fliegt ein Flugzeug so, daß eine Fensterseite eine hochstehende Sonne sehen kann, muß es sich zur Seite neigen – also eine Kurve ziehen. Zudem wäre die verfinsterte Sonne ohnehin nur auf einer Seite zu sehen, weil das Flugzeug mit dem Mondschatten fliegen muß.

So klang der Tag des 11. Augusts 1999 mit Regenwolken über weiten Gebieten von Europa aus. Millionen von Zuschauern, die in verschiedenen Städten Europas ein Volksfest mit Sekt, Imbißbuden und Feuerwerk begehen wollten, sahen keine schwarze Sonne, sondern rabenschwarze Nacht.

Doch trotz schlechtem Wetter, einem Riesenauflauf von Menschenmassen und einem unglaublichen Rummel rund um dieses Ereignis ist der Mondschatten in kosmischer Präzision zur vorberechneten Zeit über die Erdkugel geglitten – wenn auch über den Wolken. Vielleicht sollte uns diese Tatsache auch zum Nachdenken anregen. Ob es Menschen und ihre Ängste und ihre Prognosen nun gibt oder nicht, die Ereignisse der Natur und des Kosmos werden in ihren Gesetzmäßigkeiten immer unbeirrbar ihren Lauf nehmen. Trotz aller Widrigkeiten – vom schlechten Wetter bis zum nicht eingetroffenen Weltuntergang – geht das Leben auch nach der Sonnenfinsternis weiter, und die Erde dreht sich immer noch – ebenfalls mit kosmischer Präzision. Hätte die Finsternis nur zwei Tage später stattgefunden, am Freitag, dem 13. August 1999 – was hätte uns dann alles geblüht? Sie ahnen es, lieber Leser: höchstens besseres Wetter, denn alle über den Wetterbericht hinausgehenden Prognosen und Prophezeiungen sind angesichts der naturwissenschaftlichen Mechanik, mit der eine Sonnenfinsternis abläuft, Humbug. So titelte denn auch die deutsche «Bild»-Zeitung genauso knapp wie treffend: «Hurra, wir leben noch!» Dem ist nichts hinzuzufügen.

Literaturnachweis

S. 37-40: Bäbler, Werner, Bolze, Günther, P.: Das Martinsloch zu Elm. Die Region Elm/Glarus mit den Ereignissen im Martinsloch. Verkehrsverein Sernftal, Elm/Glarus 1996.

S. 51-53: Dürrenmatt, Friedrich: Mondfinsternis, in: Labyrinth. Der Winterkrieg in Tibet / Mondfinsternis / Der Rebell. Diogenes Verlag, Zürich. Copyright © 1981, 1984, 1990 by Diogenes Verlag AG, Zürich.

S. 54-58: Twain, Mark: Ein Yankee aus Connecticut an König Artus' Hof. Deutscher Taschenbuch Verlag, München 1997.

S. 58-59: Monterroso, Augusto: Die Sonnenfinsternis, in: Die Sonnenfinsternis und andere Erzählungen aus Mittelamerika, ausgew. von Helga Castellanos. Horst Erdmann Verlag, Tübingen 1969.

S. 60-68: Stifter, Adalbert (Hg. von Richard Pils): Die Sonnenfinsternis am 8. Juli 1842. Bibliothek der Provinz, Weitra (Österreich).

Weiterführende Literatur

Hathaway, Nancy: Wie alt ist die Sonne, und wie weit weg sind die Sterne? Limes Verlag.

Kippenhahn, Rudolf / Knapp, Wolfram: Schwarze Sonne, roter Mond. Deutsche Verlagsanstalt, Stuttgart 1999.

Raffetseder, Werner: Sonnenfinsternis. Das Mysterium der reisenden Nacht. Hugendubel, 1999.

Die Sonne. Das Gestirn in der Kulturgeschichte, hg. von Madanjeet Singh. Ernst Wachsmuth Verlag, Tübingen 1994.

Zeitschriften

bild der wissenschaft special Sonne, 1999.

Spektrum der Wissenschaft, Sonderheft, Sonnenfinsternis 1999.

Sterne und Weltraum Spezial 4: Sonne. Der Stern in unserer Nähe. 1999.

Bildnachweis

<table>
<tr><td>S. 46:</td><td>links oben: Warren de la Rue, Rivabellosa/Spanien; in: Philosophical Transactions of the Royal Society, Nr. 152, 1862.</td></tr>
<tr><td>S. 46:</td><td>rechts oben: William Henry Wesley, London; in: Memoirs of the Royal Astronomical Society (MRAS) XLI, 1879, Plate 3.</td></tr>
<tr><td>S. 46:</td><td>links unten: Angelo Secci, Desierto de las Palmas / Spanien, in MRAS, XLI, 1879, S. 573.</td></tr>
<tr><td>S. 46:</td><td>rechts unten: F.A. Oom, Pobes/Spanien; in: Mémoirs de l'Académie Impériale des Sciences à St. Petersbourg, VII Série, Tome VI, Tafel 3.</td></tr>
<tr><td>S. 47:</td><td>links oben: Emmanuel Lias, Paranagua/Brasilien; in: Astronomische Nachrichten, Band 49, 1859.</td></tr>
<tr><td>S. 47:</td><td>rechts oben: G.L. Tupman, Jaffna/Ceylon; in: MRAS, XLI, 1879, S. 697.</td></tr>
<tr><td>S. 47:</td><td>links unten: J.F. Tennant, Dodabetta/Indien; in: MRAS, XLII, 1873-75.</td></tr>
<tr><td>S. 47:</td><td>rechts unten: A.H. Wesley, London; in: MRAS, XLI, 1879, Plate 8 (nach einer Zeichnung nach dem Glasnegativ von J.B.N. Hernnessay und C. Waterhouse in Dodabetta/Indien).</td></tr>
<tr><td>S. 48:</td><td>oben: J.N. Lockyer, A. Schuster, Siam; in: Philosophical Transactions, Nr. 169, 1878, Plate 12.</td></tr>
<tr><td>S. 48:</td><td>unten: L. Trouvelot, Siam; in: Publications of the Astronomical Society of the Pacific, vol. VII, 1895.</td></tr>
<tr><td>S. 49:</td><td>oben (2 Bilder): J.M. Bacon, Wadesborough/USA; in: E.W. Maunder (Hrsg.): The Total Eclipse of May 28th 1900, London 1901.</td></tr>
</table>

S. 49:	unten: W.H. Wesley, in: E.W. Maunder (Hrsg.): The Total Eclipse of May 28th 1900, London 1901, (nach Fotografien von E.W. Maunder).
S. 50:	aus: E.W. Maunder (Hrsg.): The Total Eclipse of May 28th 1900, London 1901.
S. 65:	Francis Baily, Padua / Italien; in: Monthly Notices of the Royal Astronomical Society, vol. 5, 1842.

Der Abdruck der historischen Aufnahmen von Sonnenfinsternissen (S. 46–65) erfolgte mit freundlicher Genehmigung des Fotografen Werner Zellien in Berlin und der Ausstellungsgesellschaft Feuer & Flamme in Essen.

Quelle: Sonne, Mond und Sterne: Kultur und Natur der Energie. Katalog zur Ausstellung auf der Kokerei Zollverein in Essen, 13. Mai bis 13. September, im Rahmen des Finales der Internationalen Bauausstellung Emscher Park. (Hrsg. Ulrich Borsdorf, Gottfried Koff, Jürg Steiner und Walter Hauser). Feuer & Flamme-Ausstellungsgesellschaft mbH und Verlag Peter Pomp, Bottrop-Essen, 1999.
© für die Fotos S. 46–65: Werner Zellien, Berlin.

S. 93:	Grafik Entstehung der Polarlichter, aus: Brekke/Egeland, The Northern Light, 1983. © Springer Verlag, Heidelberg.
S. 94:	Bildagentur Astrofoto; © Foto: Astrofoto / Dorst.
S. 95:	Bildagentur Astrofoto; © Foto: Astrofoto / Shigemi Numazawa.
S. 96:	Grafik, © Rudolf Wolf Gesellschaft, Zürich.
S. 170/171:	© eumetsat/ESA/SMA.
S. 172/173:	© eumetsat/ESA/SMA.
S. 174:	© Keystone, Zürich. Foto: Keystone/Ruben Sprich/ Reuters.
S. 181:	Grafik © Schweiz. Meteorologische Anstalt (SMA).

Farbteile

Farbtafel XIX: © Felix Walker.
Farbtafel XXV: aus: G.A. Tammann / Ph. Veron: Halleys Komet, S. 313.
                 Birkhäuser, Basel 1985.
Farbtafel XXVI: aus: D. Fischer / H. Heuseler: Der Jupiter Crash.
                 S. 176. 2. überarb. u. erw. Aufl. Birkhäuser, Basel
                 1996, (Quelle: StcI).
Farbtafel XLIII: Keystone, Zürich/AP/BUB; Foto © BeckerBredel.
Farbtafel XLIV: Keystone, Zürich/AP; Foto © BeckerBredel.

Für alle anderen Fotos liegt das Copyright bei: © Andreas Walker,
Teufenthal/Schweiz.

Index